JN042618

カブトムシの謎をとく

小島渉 Kojima Wataru

★――ちくまプリマー新書

434

目次 ＊ Contents

まえがき

日本人にとってカブトムシほどメジャーな昆虫は他にいないでしょう。子どもの頃に採りに行ったり飼育したりしたことがある人も多いと思います。夏になると、ペットショップだけでなくスーパーマーケットや100円ショップにまで、カブトムシやカブトムシを採集・飼育するためのアイテムが並びます。また、カブトムシは歌や絵画の題材にされることもあり、日本の文化と切っても切り離せない存在です。江戸時代後期に書かれた『千虫譜』という書物の中には、「子どもがカブトムシに小車を引かせて遊んでいる」という記述がすでに見られ（栗本1811）、カブトムシは古くから子どもたちの遊び相手であったことが分かります。しかし、その知名度の高さにもかかわらず、意外なことにカブトムシの研究者はほんのわずかしかいません。特に生態の研究者となると、世界を見渡してもこれまで片手で数えられるくらいしかいませんでした。

これにはいくつかの理由が考えられます。まず、生態学の先進国である欧米には、カブトムシやその仲間がほとんど生息していないため、研究対象になりにくかった可能性があります。中南米や東南アジアにはアトラスオオカブトやコーカサスオオカブトのような大型のカブトムシの仲間が分布していますが、彼らが暮らしているのは都市部から離れた山の中です。日本のように、街の中の公園に普通に大型のカブトムシが生息しているのは世界的に珍しく、欧米の研究者からすると大変ぜいたくなことに映るようです。

また、日本では、農業害虫の防除に関係するような、応用的な研究が重んじられる傾向が強くありました。日本の大学では、昆虫学の研究室のほとんどが農学部にあることからも分かるように、昆虫学は農学と密接に結びついています。カブトムシはペットとしては重要ですが、害虫でも益虫でもありません。そんな虫を研究しても〝お金にならない〟ので、研究費もほとんどつきません。最近は日本がさらに貧しくなり、すぐには役に立たない研究に対する風当たりはより激しくなっているように感じます。

このことを象徴するように、カブトムシの生態についての最初の学術論文は日本人の手によるものではありません。日本へ留学していたイギリス人研究者であるマイク・シバジョシー博士が真っ先にこの素晴らしい昆虫に目をつけ、1986年の夏に名古屋大学のキャンパスの中のクヌギ林（本当はアベマキという説も）で、10日間ほど成虫の行動を調査しました。そして、大型のオスと小型のオスの間で活動時間や行動が異なることを突き止めたのです（Siva-Jothy 1987）。この成果をまとめた論文は、カブトムシの生態に関するものの中では最も多く引用されています。また、武器を持つ昆虫の研究の大家であるモンタナ大学のダグラス・エムレン教授は、２０１５年頃から毎年のように、夏になると数名の学生を日本に送り込み、カブトムシの野外での行動を徹底的に調べています。このように、本場である日本よりも、海外の人の方がカブトムシのことを熱心に研究しているようにも見えます。

カブトムシはこれまで十分に研究されてこなかったという経緯があるため、調べれば調べるほど新しいことが見つかります。図鑑に当たり前のように書かれていることも、きちんと調べるとじつは間違っていた、ということも珍しくありません。たとえば、皆さんも、〝カブトムシは昼間、樹液が出る木の根元の土の中に隠れている〟という話を聞いたことがあるかもしれません。図鑑に書かれているこの言葉を信じ、どれだけ多くの人が樹液の出ている木の下を掘り返してきたでしょうか。しかし、土の中からカブトムシが出てくることはほとんどありません。それもそのはずです。2013年に、台湾でカブトムシの調査をしていたアメリカの研究者が、発信機を使ってカブトムシの行動を追跡したところ、昼間に木の梢《こずえ》の茂みの中で寝ていることを突き止めたのです（McCullough 2013）。日本でも、カブトムシが日没後どこから飛んでくるか、あるいは日の出前にどこへ飛んでいくか注意して観察すると、多くの個体は木の梢や草むらの中をねぐらにしているように見えます。たまに倒木や落ち葉の下をねぐらにする個体もいますが、ほとんどの場合、樹液が出る木の直下ではなく、少し離れた場所をねぐらにしています。

カブトムシの生態に関して分かっていなかったのはそれだけではありません。カブトムシの天敵は誰か、生涯に何個くらい卵を産むのか、成虫の寿命がどれくらいなのかといった、もっと基本的なことですら、最近まで調べられていませんでした。私はカブトムシの研究を始めて15年ほどになりますが、カブトムシの新しい生態がいくつも分かってきました。同時に、新しいことが分かれば分かるほど、分からないことも増えていきます。

私は研究をするとき、虫を観察していてふと気になったことや面白いと思ったことをきっかけにして、その現象を実験によって詳しく調べていくことが多いです。実験をする中で、自分の予想通りの結果が出たときは何とも言えない達成感があります。予想とは違うような結果が出ることもありますが、そんな中から新しい発見が得られることもあり、どういう結果になっても、研究にはいつも謎解きをしているような楽しさがあります。この本の中では、研究をしていた当時のことを思い出しながら、できるだけリアルにそのとき考えていたことを書き記すようにしました。ぜひ一緒に謎解きをしながら、研究の楽しさを味わってほしいと思います。

日本には3万種を超える昆虫が住んでおり、私たちのすぐそばにもたくさんの昆虫が見られます。その多くが、カブトムシと同じように、これまであまり研究されてこなかった種であり、生態もほとんど分かっていません。昆虫の素晴らしいところは、その気になれば、誰でもすぐに研究を始められることです。気になる虫を飼育してじっくり観察したり、大きさを片っ端から測ったり、数をひたすら数えたり、そんなことが研究の出発点になります。おそらく、きちんと調べれば、どんな種類の虫でも驚くような発見ができるはずです。本書を読んで、カブトムシに限らず身の回りの生き物について関心を持ち、さらに、自分で調べてみるきっかけになれば幸いです。

第1章　カブトムシ研究者への道

昆虫に夢中

「子どものころからカブトムシが好きだったんですか」

カブトムシの研究をしていると人に話すと、かなりの確率でこういう質問を受けます。確かに子どものころからカブトムシは大好きな昆虫の一つでした。ただ、生き物の中でカブトムシがとりたてて好きだったかと言われると、それほどでもなかったように思います。また、カブトムシが好きだからという理由でカブトムシの研究を始めたわけでもありません。しかも最初に研究していたのは、おそらく多くの人が思い浮かべる成虫ではなくて、幼虫についてでした。では、なぜ私がカブトムシ、しかもその幼虫を研究することになったのか、そのいきさつについて説明したいと思います。

子どものころから昆虫が大好きでした。何かきっかけがあったのかは忘れてしまいましたが、気が付いたときには昆虫に夢中になっていました。私が小学生時代を過ごした奈良県生駒《いこま》市は、今でこそ新興住宅地として宅地化が進みましたが、当時は里山や雑木林がところどころに残されており、週末になると父と一緒に虫を採りに出かけました。採集する種には特にこだわりはなく、見つけた虫は片っ端から採っていました。ただ、地味で小さい虫よりも、ある程度サイズが大きくて見栄えの良い虫が好みでした。

今でも鮮明に覚えている出会いはいくつもありますが、親指の爪ほどの巨大なカメノコテントウを見つけたときはとても感動しました。家の近くの造成地にはきらびやかなハンミョウがたくさん見られ、手に摑《つか》むと鼻をつくようなにおいを発しました。私が住んでいたマンションは、昆虫の通り道（昆虫採集者の用語でいう〝吹き上げ〟）になっていたようで、上の方の階の廊下には、夏になるとカナブンやシロテンハナムグリがあちこちにひっくり返っており、それらを拾うのが日課でした。ヤマトタマムシのような大物を拾ったときはとても興奮しました。ヤマトタマムシもカメノコテントウも、探し方を知った今でこそどこでも普通に採れる虫ですが、子どもにとっては大物中の大物です。また、一階のラウンジには、夏の夕方になるとカトリヤンマやヤブヤンマなどのヤンマ類がなぜか頻繁に迷い込み、見つけるたびに捕虫網を持って駆けつけました。これがきっかけだったのか、ヤンマの仲間に一時期かなりのめりこみました。少し足を延ばすと生駒山にもアクセスでき、ミヤマクワガタのような山地性の昆虫にも出会えました。言わずと知れた糞虫《ふんちゅう》のメッカである奈良公園へも電車に乗ればすぐにアクセスでき、鹿の糞に集まるゴホンダイコクコガネやルリセンチコガネに夢中になりました。

思い出の池

昆虫の中でも特に好きだったのは、水生昆虫の仲間です。湿地を見つけるたびに網を入れてマツモムシ、コオイムシ、タイコウチ、ミズカマキリなどを採集しました。タガメは地元では採れませんでしたが、昆虫観察会に参加したときに三重県の池で採集して以来虜《とりこ》になり、何度もそこに通いました。タガメはお気に入りの虫ランキングで、長い間不動の一位でした（今でもかなり上位です）。この池はまるで天国のような環境で、網で水草ごとガサガサと掬《すく》うたびに、クロスジギンヤンマのヤゴ、ミズカマキリ、今では全国的に希少種となってしまったクロゲンゴロウやシマゲンゴロウなどがどっさりと入りました。根気よくこの作業を続けると、一日に数匹のタガメを採集できました。あまりにも楽しい体験で、子どものころの昆虫採集の記憶の大部分はこの池で占められていると言っても過言ではありません。ゲンゴロウの仲間の独特の香りや、タガメやマツモムシに刺されたときの強烈な痛みなど、鮮明に覚えています。今でも、良さそうな湿地を見つけたときは網を入れてみますが、これほど生き物にあふれるため池にはいまだに出会えていません。ちなみに、数年前にたまたま近くを通ったときに、久しぶりにこの池を訪れましたが、アメリカザリガニの侵入により〝死んだ池〟へと変わり果てていました。

水生昆虫を探しに水辺へ行くと、ヘビにもよく出会いました。よく目にしたのはシマヘビとヤマカガシです。そのうちにヘビの美しさに魅了され、見るたびに捕獲し、写真として記録するようになりました。カエルもお気に入りの動物の一つでした。普段見かけるのはトノサマガエル、ヌマガエルやアマガエルなどの普通種でしたが、一度だけ大きなヒキガエルを捕まえたのをよく覚えています（関東の人には信じられないかもしれませんが、奈良県の平野部ではヒキガエルはなかなか見られません）。ヒキガエルを捕まえたら確かめたいことが一つありました。それは、耳腺《じせん》と呼ばれる目の上のふくらみから分泌される毒液の味です。耳腺を圧迫すると、図鑑に書いてある通り、乳白色の毒液がにじみ、少し舐《な》めてみると強烈な苦みを感じ、天敵への防御効果を身をもって理解できました。私が幼少時に行った思い出深い〝実験〟の一つです。

魅惑の図鑑類

採集してきた虫の多くは家で飼育していました。どの虫もあまり飼育がうまくいった記憶はありませんが、タガメやミズカマキリなどの水生昆虫はもちろん、あらゆる種類の昆虫を飼育しました。哺乳類の糞を食べるセンチコガネを飼育するときは、道端で犬の散歩をしている人に頼んで、餌を確保していました。カマキリは家で放し飼いにしており、カーテンに卵のうを産み付けることもありました。

家にあった動物関係の本もぼろぼろになるまで読みました。標本が羅列されているだけのものにはあまり興味が湧かず（そのせいか今でも虫の種類は他の研究者ほど詳しくありません）、生態写真が多く載っているような図鑑や写真集がお気に入りでした。特に小学館の図鑑の中の、『日本の両生類・爬虫類《はちゅうるい》』、『世界のチョウ』、『クワガタムシ』はバイブル的な存在で、何度読んだか分かりません。私にとってこれらの本のハイライトは図鑑の部分ではなく、巻末にある臨場感のある撮影記や採集記でした。それを繰り返し読んでは、いつか自分もニューギニアでトリバネアゲハを採ったり（今はワシントン条約により採集が禁止されています）、沖縄でタテヅノマルバネクワガタを採ったりしてやろうと夢を膨らませていました。また、福音館書店の『たくさんのふしぎ』シリーズの『空とぶ宝石　トンボ』という本も愛読書の一つでした。特に冒頭のアオヤンマの美しい生態写真に魅せられました。これらの本に感化され、昆虫写真家にあこがれた時期もありました。

カブトムシについて言うと、家の近くで見たことはなく、クワガタムシに比べると縁のない存在でした。電車に乗って遠出したときや、愛知県の祖父母の家に帰省したときに見たことはありますが、カブトムシにまつわる記憶はわずかしかありません。その中の一つが、倒木の下から見つけた幼虫の思い出です。冬に愛知県に帰省した際に、竹林に転がる倒木をひっくり返すと、丸々と太った純白の幼虫がゴロゴロと出てきました。真っ黒な土との対比が美しかったのをはっきりと覚えています。後になって思えば、これが、カブトムシの研究をはじめるきっかけになる体験だったかもしれません。このとき、幼虫と一緒に幼虫がいた朽木も拾い、餌としてケースに入れておいたのですが、しばらくして見ると、なぜかケースの中に巨大なスズメバチがいて大騒ぎになったのをセットで覚えています。拾った朽木の中で女王バチが越冬しており、暖かくなったため朽木から出てきたのでしょう。

鳥への情熱

中学生になると、冬の里山でツグミを見たことをきっかけに、興味の対象は昆虫から鳥へと移りました。ヨシガモ、オシドリ、オオルリ、キビタキなど、身近にこれほど美しい動物がいることを知り、感動の連続でした。幸いにも、平城宮跡、南港野鳥園や大阪城公園などの有名探鳥地が自宅から1時間圏内にあったので、足しげく通いました。特に平城宮跡は家から比較的近いこともあり、お気に入りのフィールドでした。ここでは、アリスイ、ノビタキ、ヨシゴイ、クイナ、コホオアカ、アカハジロなど、さまざまな素晴らしい出会いがありました。やがて、地元に留《とど》まらず、全国各地を飛び回るようになりました。日本で記録がある鳥の大部分は見尽くしたと思いますが、鳥への情熱はまったく冷めることなく、今でも変わらず毎日のようにバードウォッチングを続けています。昆虫、海水魚、中型・大型哺乳類、爬虫類など、いろいろな動物に興味がありますが、最も詳しい、あるいは最も好きな動物は何かと聞かれたら、迷いなく鳥だと答えます。

そのようないきさつから、高校生になるころには、将来は鳥の研究をしたいと思うようになりました。その後、1年間の浪人を経て、東京大学の理科二類へと入りました。鳥の研究で有名な樋口広芳先生が農学部にいらっしゃったからです。大学に入っても相変わらずバードウォッチング三昧《ざんまい》の日々でした。鳥に詳しい同級生である梅垣佑介くんと、渡り鳥のメッカとして知られる石川県の舳倉島《へぐらじま》へ2週間ほど滞在し、ムナフヒタキという日本初記録の鳥を見つけ、論文として報告したこともあります（大西ら2010）。また、多摩丘陵の里山へも足しげく通い、鳥を見ながら、そのついでに山菜やキノコを採ったり、昆虫などを観察したりしていました。カブトムシをはじめ、ルリボシカミキリ、トラカミキリやオオムラサキなど、地元にいたときは憧れだった昆虫が普通に見られることにカルチャーショックを受けました。

進化生態学との出会い

東京大学では1年生と2年生のときに一般教養の授業を受けることになっています。その中の講義の一つに適応行動論という科目があり、その当時早稲田大学の教授であった長谷川眞理子先生（現・総合研究大学院名誉教授）が毎週出講されていました。駒場キャンパスで一番大きい講義室を使って行われていた人気の講義だったような記憶があります。動物が好きだった私は迷うことなくこの授業を受けることにしましたが、その内容は、自分の中の自然観を根底から覆すほど衝撃的なものでした。この講義の概要は、人をはじめとした動物の行動を、進化という視点で解釈するというものでした。このような学問は、進化生態学、または行動生態学と呼ばれます。それまで、動物の行動や生態に興味はあったものの、学問としての興味と言えるようなものではありませんでした。高校のときに生物の授業で〝進化〟という言葉も習いましたが、その内容はほとんど理解していませんでした（今思えば生物の先生も理解していなかったかもしれません）。しかし、長谷川先生の講義で習う話はなにもかもが新鮮で、未知の世界を覗《のぞ》いているかのようでした。

そして、進化というフィルターを通すと、今まで自分が野外で見てきた生き物の世界が、まったく違うように見えることに初めて気が付いたのです。なぜ多くの鳥はオスだけがさえずるのか、なぜ多くの動物ではメスの方がオスよりも子育てに熱心なのか、なぜきょうだいげんかが起こるのか、なぜほとんどの動物はオスとメスが同数ずついるかなど、それまでは疑問にすら思わなかったことが、進化生態学の理論を使うと見事に説明できます。このとき、学問を学ぶことの意味を私は初めて思い知らされたかもしれません。きちんとした学問的なバックグラウンドがなければ、目の前で面白いことが起こっていても、それに気づくことはできないのです。そして、将来は自分も進化生態学の研究をしたい！　と思うようになりました。この講義の内容は、『進化と人間行動　第2版』（東京大学出版会）という教科書に網羅されているので、進化生態学がどういう学問なのか興味のある人はぜひ読んでみてください。

大学4年生のとき、卒業論文の執筆のため樋口広芳先生の研究室へ配属が決まりました。研究テーマはツバメのつがい外交尾（浮気）についてです。日本のツバメは、みなさんご存じのとおり、軒先などに1ペアだけで営巣することが多いですが、調査地としていた千葉県の牛舎には、20つがいほどのツバメが集団（コロニー）を作って営巣していました。私は、ツバメのコロニー内で、ヒナと成鳥から血液を採取し、DNA解析によってヒナの遺伝的な父親を特定したうえで、どのようなオスが多くの子を残したかを調べていました。まさに、進化生態学の王道ともいえるトピックであり、研究そのものも順調で、初めて英語論文を書き、発表する機会にも恵まれました（Kojima et al. 2009）。

昆虫を研究対象に

しかし、このまま鳥の研究を続けることに迷いもありました。鳥の進化生態学分野の研究では、野外で何年もかけてじっくりとデータを取り、仮説を検証するのが主流です。一方、自分はどちらかというとせっかちな性格なので、いろいろな予備実験をしながら探索的に面白い現象を探す方が向いているように思いました。飼育が簡単な昆虫であれば、人が手を加えるような実験などもやりやすいはずです。また、鳥や哺乳類などの脊椎動物を扱う研究室の多くは、メンバー総出で一つの材料を扱っています。私のツバメの研究も、もちろん一から自分で立ち上げたわけではなく、先輩たちのテーマを引き継いだような形でした。しかし、自分で面白い現象を見つけ、自分の力でそれを解き明かしてみたいという思いもありました。そうなったとき、研究する上では鳥よりも虫の方がやりやすそうだと感じました。もちろん、依然として虫よりも鳥の方が好きでしたが、このころは進化生態学という学問そのものへの興味が勝り、研究対象となる分類群への強いこだわりはなくなっていました。そういうわけで、大学院からは研究室を変えて、昆虫を扱うことにしました。

昆虫を研究することになったら調べてみたいと思っていたことがひそかにありました。それが、カブトムシの幼虫の行動についてでした。大学生の終わりごろ、鳥を探すために冬の里山に行ったときのことです。足元のいかにも良い感じの落ち葉の山を崩すと、真っ白なカブトムシの幼虫が何匹も現れました。彼らは、広い落ち葉の山の中でも、ごく狭い範囲に集まっているように見えました。ふと、幼少のころに竹林の中で見た光景を思い出しました。確かあのときも幼虫どうしは体を密着させるほど集まっていました。

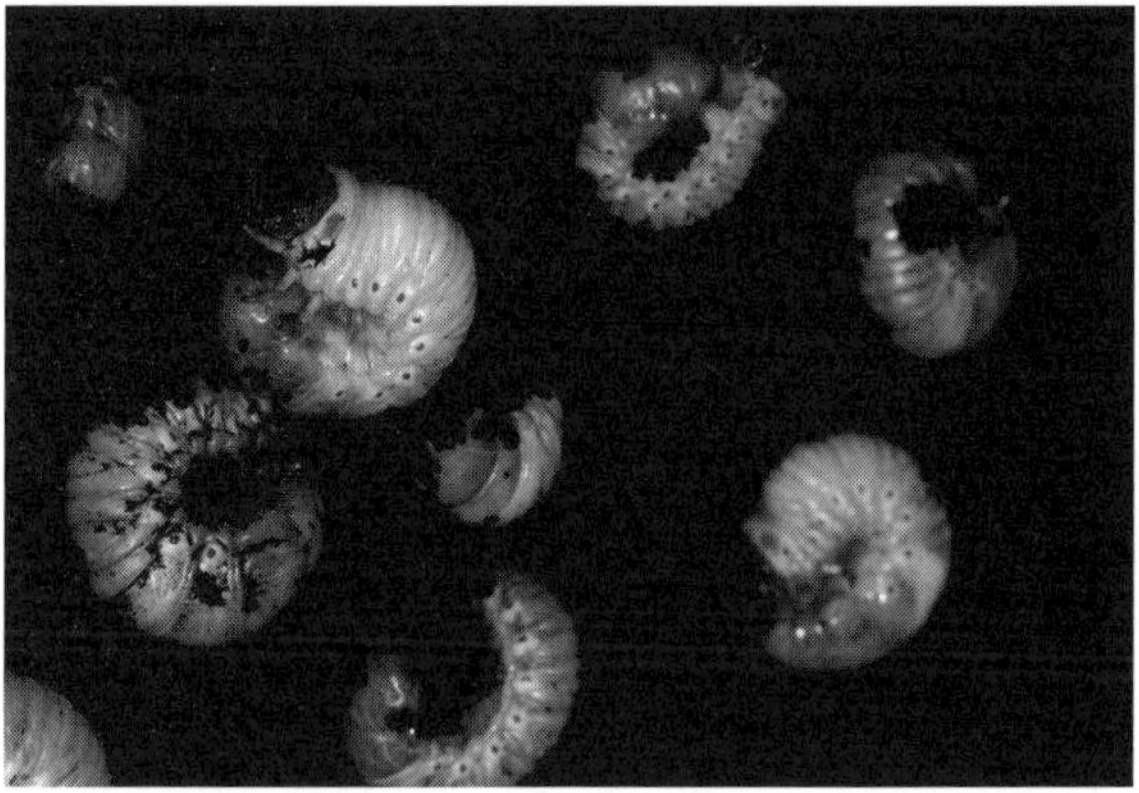

図１－１　集団で生活するカブトムシの幼虫。

その後、カブトムシがいそうな場所へ行くたびに、幼虫を探し出し、注意しながら観察を続けていましたが、やはりいつ見ても幼虫たちは集まっているように見えました。彼らは本当に集まっているのでしょうか？　もしそうだとしたら、何のために集まるのでしょうか？　どのようにして集まるのでしょうか？　集まって何をしているのでしょうか？　疑問が次々と湧いてきます。きちんと調べたら面白そうだと思いました。

大学院に入ってからは、他の昆虫の研究と並行しながら、空いた時間でカブトムシの幼虫の実験を始めました。その後、予備実験がうまくいき、研究の見通しが立ったことから、本格的にカブトムシ一本に絞って研究をすることにしました。その結果、幼虫や蛹《さなぎ》どうしが化学物質や振動を使って土の中で情報をやり取りしていることを発見しました。そして、多くの人の協力のおかげで2012年の春に博士号を取得し、それから4年間は、就職活動をしながら研究を続けました。その後、2017年の春から、山口大学に教員として無事に就職することができました。大学では講義をしたり、卒業論文のために配属される学生と一緒に研究をしたりしています。研究対象も、カブトムシだけでなく、他の昆虫や哺乳類、鳥類にも広がりつつあります。講義はあまり得意ではありませんが、私がかつて長谷川先生の講義を受けて感銘を受けたように、進化生態学の面白さを少しでも伝えられればと思っています。

山口の自然環境

山口は都会から離れていて不便なこともありますが、生き物の研究をするにはもってこいの環境です。大学の中だけでも、四季を通して、驚くほどたくさんの生き物が見られます。時間が空いたときにキャンパスを一回りするだけで、研究のネタが見つかることもあります。このキャンパスに来てまず驚いたのは、アオマダラタマムシやウマノオバチのような、子どものころからの憧れの昆虫が、普通に見られることです。春にはワラビやコシアブラなどの山菜がどっさりと採れ、この時期はスーパーで野菜を買う必要がありません。アナグマ、キツネ、ノウサギのような、都会ではほとんど見られない哺乳類も、ここでは普通種です。また、大学の中では年間を通してさまざまな野鳥が観察できます。たとえば、秋になるとノゴマやコヨシキリが、ツツジの植え込みの中を動き回るようになります。今日もいるかな、と毎朝様子を見にいきますが、たまにノジコやヤブサメのようないつもとは違う種に出会うと、得をした気分になります。秋が深まり肌寒くなると、駐車場の片隅でヤマシギが見られるようになります。ヤマシギは夜行性の鳥で、日が暮れると採餌のためにどこからともなく同じ場所に飛んできます。帰宅前に懐中電灯を使いながら彼らを観察するのが冬の日課です。彼らが土の中にいる大きなミミズをいとも簡単に探り当てる様子は、見ていて飽きません。ヤマシギは4月中旬ごろに姿を消しますが、そのころになると、たくさんの夏鳥が通過していきます。キマユムシクイやミゾゴイのような珍しい種を確認したこともあります。もちろん大学の外にも素晴らしいフィールドが広がっています。大学を出て北東へ30分ほど車を走らせると、ツキノワグマやオオコノハズクが生息する深い山へも行けますし、瀬戸内側へ少し南下すると、猛禽《もうきん》のメッカとして知られる広大な農耕地や、カブトガニやテナガダコが生息する素晴らしい干潟へもアクセスできます（週末になるたび、海へ行くか山へ行くか、という究極の選択に迫られます）。

自然に恵まれた山口で唯一困っているのは、カブトムシが少ないことです。関東地方ではあれほどどこにでもいたカブトムシですが、山口周辺でたくさん見られる場所はきわめて限られています。自然とは不思議なもので、環境が良いからといって生き物がたくさんいるというわけではないのです。仕方がないので、小一時間かけて徳地という山間部にあるクヌギ林までカブトムシの調査に行っています。

カブトムシの研究を始めた当初は、幼虫の行動だけに注目してきましたが、研究を進めるうちに、カブトムシという昆虫そのものの魅力にどっぷりはまっていました。調べれば調べるほど面白い現象が見つかるのです。気が付けばカブトムシの研究を始めて15年近くが経《た》ちました。最近ではカブトムシ以外の動物を研究する余裕も生まれました。

それらの研究成果については、これからたっぷり紹介することにします。

コラム　台湾での生活

山口大学に就職する前、1年間だけですが、台湾で研究をする機会に恵まれました。留学先として欧米を選ぶ人が多い中、生き物がたくさんいる、という理由で台湾に決めました。特に、台湾に生息するカブトムシの生態に興味があったため、きちんと研究してみたいと思っていました。台湾での思い出を挙げればきりがありませんが、やはり食文化は大変面白かったです。アパートのすぐ近くに朝市があり（朝市に近いという理由でそのアパートに決めたので当然ですが）、おかげでずいぶん楽しめました。そこでは、山菜や果物はもちろんですが、海水魚好きの私としては鮮魚を見るのが何よりの楽しみでした。値段がかなり高いので（都内のデパートの2倍くらいの感覚）ほしいものをすべて買えたわけではありませんが、ギンカガミやマテアジのような、日本ではめったに手に入らないような魚を手に入れたときは本当に嬉《うれ》しかったです。玉石混交なので目利きが必要ですが、刺身でもまったく問題のない鮮度のものも手に入ります。というわけで、台湾へ観光で行く人は夜市に行くことが多いと思いますが、朝市も強くおすすめします。

台湾ではカブトムシだけでなくワリックツノハナムグリという甲虫（これも大変魅力的な虫です）の調査を野外で行っていました。調査地は、台湾北部の陽明山の麓に広がる何の変哲もない雑木林でしたが、ここでも日本では考えられないような数々の生き物との出会いがありました。その中でもとりわけ印象的だったのは、大きなタイワンコブラに出会い、しかもフードを広げて威嚇《いかく》されたことです。まさかこんなところでコブラに出会えるなんて！　と、しばらく震えが止まりませんでした。

台湾の中部から南部には標高1000mから3000mほどの高い山が連なり、ここでもじつに多くの生き物と出会うことができました。私が特に熱中したのは、花掬いと呼ばれる昆虫採集です。これは日中にミズキやアカメガシワなどの木本《もくほん》の花に集まる昆虫を柄の長い網で掬いとる方法で、もともと日本にいるときからハナムグリやカミキリムシなどを採集するためによく行っていました。台湾の山奥でこれをやると、信じられないような美しいハナムグリの仲間がゴロゴロと網に入りました。野鳥との感動的な出会いも数多くありましたが、最も強く思い出に残っているのはヒメフクロウです。山奥に生息する世界最小クラスのフクロウ類であり、スズメほどの大きさしかありません。昼に活動することもあります。どうしてもこの鳥が見たくて、何度も生息地へ通いましたが、さえずりしか聞くことができず、姿を見るのは半ばあきらめていました。しかし、台湾をあと1週間ほどで離れなければいけないというタイミングで、山の中で鳥を探しているときに、目の前に1羽のヒメフクロウが舞い降りたのです。それはもう、言葉では言い表せないほど幸せでした。30年近く鳥を観察してきた中で、最も心を動かされた出会いと言っても

図1-2　ようやく出会うことができたヒメフクロウ。

過言ではありません。またいつか台湾に住んで、この素晴らしい鳥をゆっくり観察してみたいと思っています。

第2章　カブトムシはどんな昆虫？

私の具体的な研究の紹介に入る前に、カブトムシの生態や人との関わりについて紹介します。カブトムシについてのイメージを持ってもらうことで、第3章以降で紹介する内容が理解しやすくなると思います。

カブトムシの分類

カブトムシは、広く言えばコガネムシの仲間（コガネムシ科）です。コガネムシ科は、昆虫の中でも特に大きなグループの一つで、世界に3万種が知られています。コガネムシ、と聞いてもピンとこないかもしれませんが、都会に住んでいる人にとって、最も目にする機会が多いコガネムシの仲間は、アオドウガネでしょう。2㎝ほどの大きさの緑色の美しいコガネムシで、夏の夜に街灯に飛んできます。カブトムシやクワガタムシを採りに行くと昼間に樹液場に集まっているカナブンやシロテンハナムグリもコガネムシの仲間です。それ以外には、フンコロガシのような糞《ふん》を食べる虫の多くもコガネムシ科に含まれます。カブトムシは、コガネムシ科の中に含まれるカブトムシ亜科というグループに含まれます。カブトムシ亜科は世界に約1500種が知られており、分布の中心は中南米と東南アジアの熱帯域や亜熱帯域です。ペットショップで人気の大型のカブトムシの仲間もたいていこれらの地域が原産です。とりわけ、中米と南米大陸では種数が多く、ここがカブトムシの祖先の起源だと考えられています。その後、極東やヨーロッパ、北米のような比較的寒冷な地域にもカブトムシの仲間は分布を広げましたが、熱帯に比べると種数はずっと少なく、また角を持たない小型の種がほとんどです。そういう中にあって、日本に生息するカブトムシは、角を持つ大型のカブトムシとしては、世界で最も北に分布する種であり、特異な存在であるといえます。

ところで、勘違いされることが多いのですが、カブトムシと並んで人気のある昆虫であるクワガタムシの仲間は、カブトムシと類縁関係は近くありません。そもそもクワガタムシはコガネムシ科ですらありません。クワガタムシもカブトムシと同様、オスが頭部に立派な武器を持ち、オスどうしで戦います。しかし、クワガタムシのオスの武器は大顎が発達したものであり、一方、カブトムシのオスの武器である角は、頭部（および胸部）の表皮が変形したものです。つまり、両者の武器の進化的な起源はまったく違っています。このことは、カブトムシは角そのものを自由に動かせないのに対し、クワガタムシは大顎を開いたり閉じたりできることからも分かると思います。詳しくはこのあと説明しますが、樹液という希少な餌資源を利用するという生態が原因で、クワガタムシもカブトムシと同じように、餌場を勝ち取るための武器を進化させたと考えられます。

カブトムシの種数

日本にカブトムシの仲間は何種類いるのでしょうか？　多くの人から尋ねられる質問ですが、じつは難問で、〝数種類〟という歯切れの悪い答えになってしまいます。いずれにしても、カブトムシの親戚と誤解されることの多いクワガタムシの仲間は日本に数十種類が生息するため、それと比較すると少ないと感じる人もいるかもしれません。では、日本のカブトムシの仲間を順に紹介します。

まず、多くの人が想像するであろう、いわゆる〝角のあるカブトムシ〟は、今のところ1種類しかいません（〝今のところ〟という意味については後で説明します）。もう一つ、全国的に分布する種としてコカブトが挙げられます。コカブトは2㎝ほどの小型の種で、角はよほど注意して見ないと分からないくらい小さく、知識がなければカブトムシの仲間だと気づくことはないでしょう。郊外の公園など身近な場所でも見られる可能性がありますが、関東や沖縄などの一部の地域を除くと生息密度は低く、採集するのは困難です。成虫は樹液を食べますが、昆虫や哺乳類の死体にも集まります。このような食性はカブトムシの仲間としてはかなり特殊です。

　日本ではあと4種類のカブトムシの仲間が記録されていますが、すべて南西諸島にしか生息していません。そのなかの一つ、タイワンカブト（別名サイカブト）は、東南アジアから移入された外来種です。サトウキビやヤシの害虫で、沖縄では普通に見られます。タイワンカブトに近縁な種としてヒサマツサイカブトが沖縄県の南大東島に生息していますが、正式な採集記録は近年ほとんどなく、幻のカブトムシになりつつあります。鹿児島県の沖永良部島《おきのえらぶじま》や喜界島《きかいじま》にはクロマルカブトが生息しています。体長は15㎜ほどと小型であり、オスもメスも角を全く持ちません。鹿児島県の中之島には近縁なホリシヤクロマルカブトが生息しますが、1979年以降採集記録がなく、ヒサマツサイカブト同様、幻のカブトムシといえます。つまり、南西諸島で確認されている4種のうち1種は外来種、2種はほぼ絶滅状態、さらに残りの1種も分布がきわめて局地的ということになります。

カブトムシは本当に1種類？

カブトムシは、国内では青森県が北限であり、南は沖縄県まで分布しています。ただし、奄美《あまみ》諸島、八重山諸島、伊豆諸島、小笠原諸島などには生息しません。小さな島では大食漢のカブトムシを支えるほどの十分な餌がなく、すでに絶滅してしまったのかもしれません。あるいは、カブトムシはあまり長距離を移動することができないため、島へ渡ってくることができなかったのかもしれません。北海道にもカブトムシはいますが、これは本州から持ち込まれた外来種です。この話は第6章でもう少し詳しく触れることにしましょう。

国外では、カブトムシは台湾、韓国、中国など、東アジアに広く分布します。これらは、〝カブトムシ〟という一つの種として分類されていますが、最新の研究から、このことが揺らぎつつあります。最近、中国の研究者のグループが、東アジア各地のカブトムシおよびその近縁種のDNA配列をもとに、それらの詳細な系統関係を調べ上げ、論文として発表しました（Yang et al. 2021）。また、ほぼ同時期に、私たちも、アメリカの研究者と共同で、遺伝子の配列を解析し、似たような方法で系統関係を調べていました（Weber et al. 2023）。中国の研究グループと私たちの結果は、用いた手法が少し異なるためか、全く同じではありませんでしたが、共通した点がいくつも見られました。

その中でも最も重要な点は、青森から屋久島にかけての個体群（北方クラスター）と、沖縄から台湾および中国南部の個体群（南方クラスター）の間に遺伝的に大きな隔たりがあるということです（図2－1）。これは別種ともいえるほど大きな隔たりでした。中新世初期（約2000万年前）、日本列島がユーラシア大陸から分離し始めた頃から、これら2つのクラスターの間での遺伝的な交流が絶たれ、それぞれが独自の進化を遂げたと考えられます。しかも、事態を複雑にしたのが、これまでカブトムシと別種とされてきたカナモリカブトという種が、南方クラスターの中に入り込んでしまったことです。

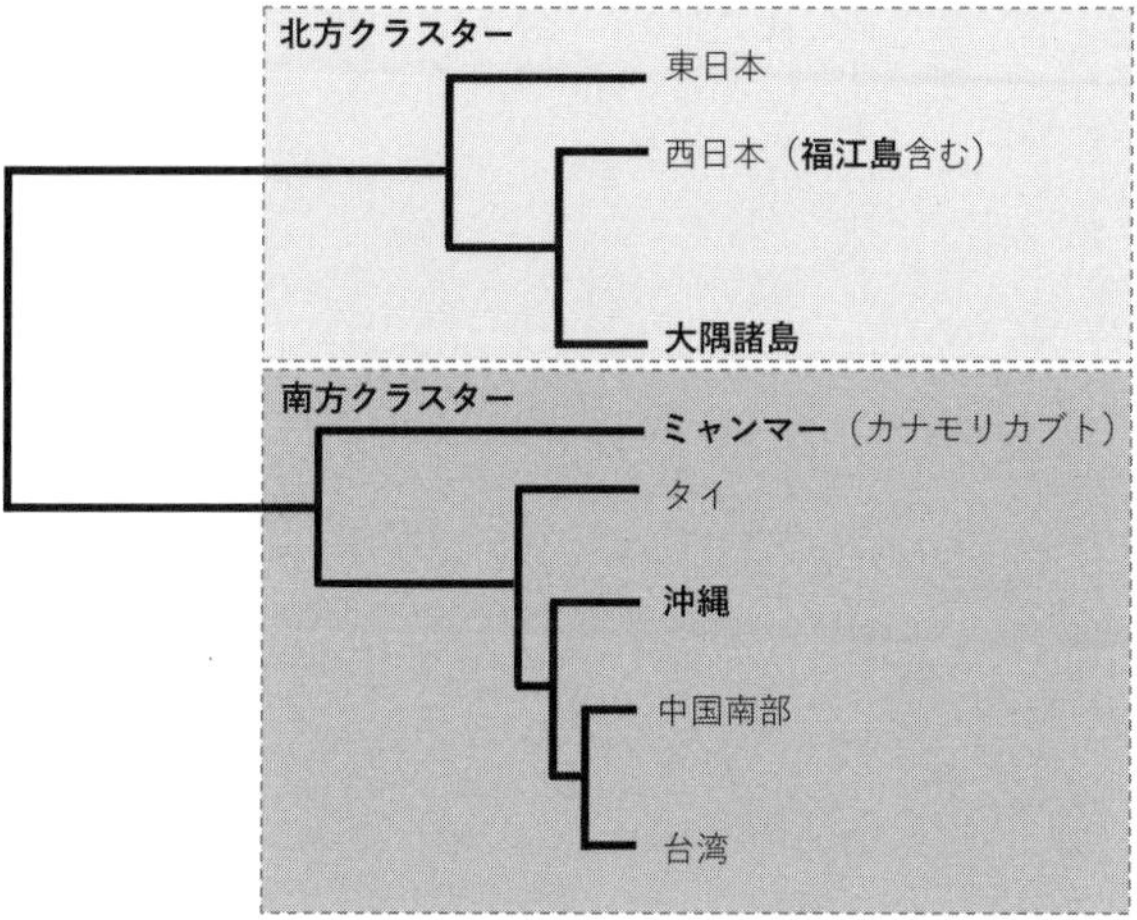

図２-１　さまざまな地域のカブトムシの系統関係。太字は短い角を持つ集団を示す。

これらの状況を踏まえると、まず、カブトムシを2種に分割したうえで、カナモリカブトはカブトムシの南方の種の1集団（または1亜種）として扱うのが適切なように思われます。そうした場合、日本には、北方の種（青森から屋久島）と南方の種（沖縄）の2種類のカブトムシが分布していることになります。あるいは人によっては南方クラスターをさらにカナモリカブトとそれ以外の種に細分化するかもしれません。

正直に言えば、私は、カブトムシを何種類に分けるかは、科学的にはあまり重要ではないと思っています。種というのは人が便宜的に定めた分類の単位であり、どのくらい離れていたら別種としてみなすかなど、種の定義の仕方は研究者によってまちまちです。私たちが、カブトムシをどのように分類したとしても、自然の中での彼らの生活にはみじんも影響しません。つまり、系統関係（進化の歴史）そのものこそが重要で、それぞれをどう区分するかは人の裁量にゆだねられます。そうは言っても、研究する上での混乱を減らすために、分類体系と実際の系統関係を一致させることが望まれます。

分子系統樹からは、ほかにも面白いことが分かりました。青森から屋久島に分布する北方クラスターは、遺伝的に異なる南北の2集団から構成されていたのです（図2－1）。調べた地点数が少ないため、その境目がどこなのかはまだ分かりませんが、九州とそれ以北で分化している可能性が示唆されています。さらに、そのうちの南の集団を細かく見てみると、大隅諸島（屋久島、口永良部島、種子島《たねがしま》）の集団と九州のその他の地域の集団の間にも比較的大きな遺伝的な違いが見られました。第6章で述べるように、大隅諸島の集団は独特な形態的特徴を持つことからも、このことが裏付けられます。日本にいるカブトムシはいったいどこからやってきたのか、その進化の歴史を解き明かすべく、私たちはさまざまな地域のカブトムシの遺伝的な違いについて、より詳細な解析を現在進めています。

カブトムシの一生

カブトムシの1年の暮らしについて簡単に紹介します。夏に成虫が現れます。成虫は主に夜間に活動し、クヌギなどの樹液に集まります。樹液場は餌場であるだけでなく、オスとメスの出会いの場でもあります。メスは交尾を終えると、腐葉土や堆肥の山を目ざとく探り当て、その中に潜り込み、産卵します。野外で一度にどのくらいの数の卵を産むかはよく分かっていません。しかし、樹液場で採集されたメスを飼育するとたいてい卵を産むことから、餌場にときどき戻って体力を回復させながら、断続的に産卵しているのかもしれません。メスは、寿命を全うした場合、生涯に100〜200個の卵を産みます。卵は約2週間で孵化《ふか》し、幼虫は腐葉土や堆肥などを食べて成長します。幼虫の成長の詳細なプロセスについては、第3章であらためて説明します。幼虫は2回脱皮をして3齢幼虫になり、秋が深まり気温が下がると冬眠に入ります。翌年の春、冬眠から目覚め、摂食を再開し、5～6月に蛹室《ようしつ》とよばれる楕円《だえん》形の部屋を土の中に作り、6～8日間そこで過ごした後、蛹《さなぎ》になります。蛹の期間は2週間ですが、羽化してもすぐに土から出て活動するわけではなく、1週間ほど蛹室内に留《とど》まります。このように、1年でちょうど1世代が回ります。

成虫の短い寿命

カブトムシの成虫は短命です。正確にはまだ分かっていませんが、野外ではほとんどの個体が1～2週間程度で死んでしまうと言われています。うまく飼育すると3か月くらい生きますが、8月中旬頃になるとカブトムシの数が激減することからも分かるように、野外で自分が持つ寿命のポテンシャルを発揮できることはまずありません。そのおもな原因は、飢えと捕食です。詳しくは第4章で説明しますが、特に捕食による影響はかなり大きいと考えられます。

カブトムシはどんなに手をかけて飼育しても、年を越すことはほとんどありません

（ただし、15～20℃程度の低い温度を維持し続ければ半年近く生きることもあります）。一般的に昆虫やほかの動物は、体が大きい種の方が長生きする傾向にありますが、カブトムシは体が大きいにもかかわらず、ほかのコガネムシの仲間に比べてそれほど長寿だとは言えません。カブトムシは、羽化して地上に出てきた瞬間から活発に飛び回り、間もなく交尾し産卵します。昆虫を、〝細く長く生きる種〟と〝太く短く生きる種〟にざっくりと分けるとしたら、カブトムシは間違いなく後者に属します。なぜカブトムシはこのような生き方を選んだのでしょうか？　もしかすると、飢えや捕食に由来する高い死亡率と関係しているかもしれません。カブトムシの大きな体は野外でとても目立ちます。また、逃げるのもうまくありません。羽化して地上に出たとたん、彼らは多くの天敵に狙われます。また、樹液の出る餌場を見つけるのは簡単ではなく、運よく見つけたとしてもそこでほかの虫との争いに勝たなければならず、つねに飢餓と隣り合わせです。つまり、彼らには明日の命も保証されていません。そのような状況では、スローライフを送っている場合ではありません。まだ産卵や交尾を始めていないのに食べられてしまった、というようなことになったら、せっかく成虫になった意味がありません。それよりも、さっさと交尾して、早めにたくさん卵を産むほうが遺伝子を残すうえで有利なはずです。つまり、カブトムシは、いつ死んでもいいように、太く短く生きるという性質を進化させたのかもしれません。

幼虫の餌

カブトムシの幼虫の餌は、分解の進んだ落ち葉や朽木です。餌の中身をもう少し具体的に見てみましょう。人間と同じように、幼虫が活動したり成長したりするためには、糖などの炭水化物（ごはん）とタンパク質（おかず）が必要です。人は米やパンなどの炭水化物を食べてエネルギーを得ますが、カブトムシの幼虫は植物に含まれる食物繊維から炭水化物を得ています。植物の細胞壁を構成する成分である食物繊維は、多糖類と呼ばれる物質に分類され、文字通り糖が連なった構造をしています。人は食物繊維を分解できないため、食物繊維を食べてもそこからエネルギーを取り出すことはできません。一方カブトムシをはじめとする一部の昆虫は、食物繊維を構成する糖を酵素の力でばらばらにし、栄養として吸収することができます。しかも、発酵した腐葉土に含まれる食物繊維は、土の中の微生物のはたらきである程度分解されているため、カブトムシの幼虫にとってすでに分解しやすい状態にあります。カブトムシの幼虫はそのようにあらかた分解された食物繊維をさらに細かく分解することでエネルギーを得ています。

一方、〝おかず〟であるタンパク質のおもな構成成分である窒素は、落ち葉そのものにはそれほど多く含まれていません。生の葉には窒素が多く含まれていますが、植物は葉を落とす前に、貴重な窒素を逃すまいと、その多くを回収してしまうからです。しかし、人が堆肥や腐葉土を作る際、発酵を促すために、窒素成分として牛糞や米ぬかなどを落ち葉に混ぜ込みます。また、微生物には空気中の窒素を取り込む能力を持つものがおり、それらのはたらきによっても、堆積した落ち葉の中に窒素が供給されます。このようなプロセスを経て、カブトムシの幼虫の餌として適した、タンパク質に富んだ腐葉土が形成されます。腐葉土の中には、細菌や菌類などの微生物はもちろん、トビムシやミミズなど、たくさんの無脊椎動物も住みつきます。カブトムシの幼虫は、分解された落ち葉とともに、口に入るサイズであれば、そのような微生物や小型の無脊椎動物も体内に取り込みます。彼らもカブトムシの幼虫から見れば貴重なタンパク源です。そして、それらの生物の細胞を構成するキチンやクチクラなどを消化管の中で酵素によって消化し、成長などの生命活動に利用します。

オスの角と大きい体

カブトムシにあって他のほとんどの昆虫にない特徴の一つは、言うまでもなく、オスの大きな角です。彼らが角を持つ理由は、彼らの餌と関係があります。カブトムシやクワガタムシなどを採るために私たちが広大な林の中から良い樹液場を探すのは苦労しますが、いくら虫たちが優れた嗅覚を持っているとはいえ、彼らにとっても餌場を見つけ出すのは容易ではありません。たくさんの木があっても、樹液の出る木はわずかにしか存在しません。樹液場は餌場であるだけでなく、オスとメスの出会いの場でもあります。そのため、樹液場には多くのカブトムシが群がることになります。オスはせっかく見つけた餌場やメスを勝ち取るために、他のオスと戦う必要があります。けんかの際は、大きな武器を持つオスほど勝率が高く、結果的に多くのメスと交尾し、多くの子を残すことができます。カブトムシやクワガタムシのみならず、ヤセバエやケシキスイなど、樹液場に来る昆虫の多くが武器を持っているのは偶然ではありません。どの種類も、貴重な餌場を勝ち取るために、ライバルと戦うための武器を進化させてきたのです。

カブトムシのけんかをよく観察してみてください。最初にオスは必ず相手の体の下に角を入れようとします。相手を木の幹からすくい上げ、引きはがすためです。相手も引きはがされないように、頭部を下げて応戦します。しかし、一瞬の隙を突き、相手の体の下に角を挿入するやいなや、勢いよく頭部を後方にひねり、相手を投げ飛ばします。このように、瞬間的な爆発力で相手を投げ飛ばすようなけんかのスタイルは、ヘラクレスオオカブトなどの外国のカブトムシにはあまり見られません。熊手のような形をした日本のカブトムシのオスの頭部の角は、そのような戦いにもってこいの形をしていることから、けんかの様式と角の形はリンクして進化してきたと考えられます。

ところで、図鑑などには、カブトムシがクワガタムシを投げ飛ばしている写真や絵がよく登場します。私も子どもの頃に、カブトムシをノコギリクワガタなどのクワガタムシと対戦させて遊んだことがあります。しかし、本来カブトムシの角はクワガタムシなどの他の昆虫を投げ飛ばすためのものではありません。あくまでも、同種のオスを打ち負かすために進化してきた武器です。そもそもカブトムシとクワガタムシの活動のピークのシーズンはずれているため（クワガタムシがカブトムシを避けるためと言われています。Hongo 2014）、両者が野外で出会う機会は、カブトムシのオスどうしが出会う機会に比べれば多くありません。そのため、クワガタムシvsカブトムシのような異種間対決は、最強の昆虫を決めたい子どもにとって夢がありますが、進化という視点に立つと、残念ながらそれほど意味のある実験とは言えません。それよりも、同種どうしが対決したときの行動を観察する方が、武器の進化について多くの情報が得られるはずです。

ここで、カブトムシはなぜオスしか角を持たないのか疑問に思う人もいるかもしれません。メスどうしが樹液場で頭部を押し合いけんかするシーンを見かけることがあるので、メスが角を進化させても良さそうに思えます。しかし、カブトムシだけでなくクワガタムシやシカ、カニなど、他の動物を見ても、より大きな武器を発達させているのはメスではなくオスの方です。これには、武器を作るコストが関わっています。けんかに勝つためには大きな武器が必要ですが、それを作るためには多くのエネルギーが必要です。メスが大きな武器を作ろうとすると、繁殖に割くエネルギーが目減りし、産卵数が減ることになります。そうなると、自分の遺伝子を残すうえで不利になります。一方、精子は卵よりも〝安価〟に生産できます。また、たとえ作れる精子の数が少々減ったとしても、大きい武器を持てば、オスはより多くのメスと交尾できる可能性が高まります。メスは交尾相手の数が増えても産卵数は増えませんが（そもそもカブトムシのメスは一度しか交尾しません）、オスは、交尾相手の数が増えれば増えるほど、残せる子の数が増えてゆきます。つまり、オスは、大きい角を持つことで、それを作るためのコストを上回る利益が得られます。これこそが、多くの動物で、オスの方がより発達した武器を進化させた理由です。

カブトムシの形態のほかのユニークな特徴として、オスの方がメスよりも大きな体を持つことが挙げられます。これは昆虫としては例外的であり、他の多くの種では、多くの卵を産むためにメスの方が大きな体を進化させています。カブトムシの場合、オスの大きな体は、角と同様、他のオスとのけんかを通して進化してきたと考えられています。けんかに勝つためには大きな武器を持つだけでは十分ではなく、それを使いこなすためのパワーが必要になります。そのため、大きな武器と連動して、大きな体が進化してきたと考えられます。

ユニークな配偶行動

カブトムシの配偶行動はユニークで、謎に満ちています。特に興味深いのは、メスが生涯に一度しか交尾をしないという点です。ほとんどの昆虫のメスは生涯に複数のオスと交尾をします。しかし、カブトムシのメスは、一度目の交尾を終えるとその直後から、オスがどんなに求愛してきても、かたくなに交尾を拒否し続けます。オスは交尾の際に、精包とよばれる、米粒ほどの大きさのカプセルを、メスの体内に送り込みます。精包を受け取ったことがきっかけとなり、メスはオスを拒否するようになるようです。しかし、なぜカブトムシがこのような特殊な性質を進化させたのかは分かっていません。

じつは、海外の大型の種を含め、カブトムシの仲間の他の種の多くは、メスが生涯に複数のオスと交尾します。つまり、日本のカブトムシが例外なのです。カブトムシのオスは、目の前にいるメスが交尾を終えているかが分からないようで、いくら拒否されても、メスの体の上に乗り、求愛を続けます。求愛中のオスは腹部（あるいは後翅《こうし》）と前《ぜん》翅《し》をこすり合わせて独特の歌を奏でます。その音はかなり大きく、私は夜の森で、この音を頼りにカブトムシを探すこともあるほどです。しかし、どれほど長い時間オスが求愛歌をメスに聞かせても、メスの気が変わることはめったにありません。そのため、何のためにオスはこのような求愛行動を進化させてきたのかは大きな謎です。私たちの研究室では、この謎を解明すべく、調査を進めています。今後の研究の進展にご期待ください。

カブトムシと人間との深いつながり

カブトムシが好む最も一般的な環境は、里山とよばれる、田畑と雑木林がモザイク状に入り混じった環境です。里山がカブトムシにとって住みやすい環境と言われるのは、幼虫の生息場所と成虫の生息場所がセットになって存在しているためです。たとえば、里山では農業のための肥料として、堆肥や腐葉土が作られ、そこがカブトムシの幼虫にとって重要な餌場になります。先ほど説明したように、カブトムシの幼虫がうまく育つためには、落ち葉が発酵し、十分に分解されている必要があります。しかし、自然の力だけで落ち葉がうまく発酵することはめったにありません。また、大食漢の幼虫を支えるほど落ち葉が深く堆積することもほとんどありません。人が落ち葉を集め、そこに牛糞や米ぬかなどの有機物を混ぜ込むことで、カブトムシが利用しやすい餌場が作り出されます。

また、成虫のおもな餌はクヌギの樹液です。クヌギは、建築用資材、薪《まき》燃料、シイタケ栽培用のほだ木、あるいは刈敷（田植え前の水田に敷くための肥料）として欠かせない植物で、農業活動と切っても切り離せない関係にありました。クヌギはもともと日本にあったわけではなく、縄文時代から弥生時代に、稲作や農耕の文化とともに、渡来人によって朝鮮半島から持ち込まれました（Saito et al. 2017）。人は古くから自分たちが利用しやすいように、生活圏内にクヌギの木を植えてきました。現在でも、クヌギの林は山奥ではなく人里に多く見られるのはそのためです。

ところで、すべてのクヌギの木に樹液場があるわけではありません。香川県で行われた研究によると、樹液場を持つクヌギの木は、クヌギ全体のわずか5％に過ぎませんでした（市川&上田 2010）。クヌギは優れた自己治癒力を持っています。たとえば人がクヌギの木にドリルで深く穴をあけると、しばらくの間は樹液が染み出し、昆虫が集まりますが、数週間経《た》つと植物の力によって埋められてゆき、翌年にはどこに穴をあけたかも分からなくなってしまいます。あるいは、根元の方から幹を切り落としたとしても、切り株からたくさんのひこばえが生え、息を吹き返します（萌芽更新《ほうがこうしん》）。このような生命力の高さこそが、クヌギが人に重宝されてきた理由の一つでもあります。しかし、シーズンを通して長期間、あるいは毎年のように同じ箇所から樹液が噴き出し、〝ご神木〟として地元の昆虫少年・少女たちに愛されるような木も存在します。なぜそのような木では傷口が修復されてしまわないのでしょうか？

夏の夜に樹液場を訪れると、5㎝ほどの大きなイモムシが樹皮の隙間に潜んでいることがあります。このイモムシこそが、樹液場の形成に重要な役割を果たしていることが分かってきました（市川&上田２０１０）。このイモムシは、ボクトウガというガの幼虫です。生きたクヌギの樹皮の下に潜り込み、坑道を作りながら木の中を食べ進みます。ボクトウガはクヌギの内部を継続的に食害するため、食害痕から樹液が流れ続けます。ちなみに、ボクトウガは、肉食性の一面を持っており、樹液を食べにやってきたハエなどの小さな昆虫を捕食することもあるようです。先に紹介した香川県の調査では、樹液場を持つ木のうち93％でボクトウガが確認されたとのことで、ボクトウガがいかに重要かが分かると思います。樹液場の形成に関わる他の昆虫として、キクイムシなどの甲虫やオオスズメバチなどが挙げられますが、それらの昆虫は樹皮に浅い傷をつけるだけのため、比較的短期間で傷口が修復されてしまい、何年も連続して樹液が出続けることはありません。また、人が定期的に手入れをしている林の方が、放置された林よりも、樹液場をもつクヌギの割合が多いと言われており、人が枝打ちなどで与えたダメージを通して、ボクトウガが木部に侵入する可能性もあります（ただし、枝打ちされた箇所から樹液が染み出すわけではありません）。つまり、樹液場は、人間と昆虫の相互作用により作り出されるのです。

都会派のカブトムシ

里山がカブトムシの生息地としていかに優れているか理解してもらえたと思います。では、里山がないとカブトムシは生活できないのでしょうか？　じつは、関東地方ではカブトムシは都会の緑地にもたくさん生息しています。明治神宮や新宿御苑《しんじゅくぎょえん》のような大規模緑地はもちろんのこと、もっと小さな公園、社寺や学校の敷地などでも、たくさんのカブトムシが見つかることがあります。都心部の緑地は残念ながら昆虫採集が禁止されていることも多いのですが、カブトムシに出会いたいという方は、こんな街の中にはいないだろう、という先入観を捨てて、じっくり探してみてください。

かつての私の調査地の一つは、東京の目黒区内の小さな緑地です。渋谷から歩いてすぐの場所でしたが、多い時には一晩で数十匹のカブトムシを観察することができました。もちろんこれらの場所は里山とは大きくかけ離れた環境です。しかし、都市緑地の林はよく管理されており、間伐や落ち葉掻《か》きが定期的に行われます。その際に集められた落ち葉や材木を捨てるような場所でしばしば幼虫が発生します。さらに、間伐材の処理にはコストがかかるため、砕いてチップにして、発酵させ、肥料を作っている施設もあります。そのような場所は幼虫にとって格好の餌場になります。成虫が都会の緑地で何を食べているのかはよく分かりませんが、関東地方の緑地には、昔の名残なのか、クヌギが細々と残っていることが多く、それらを利用している可能性があります。あるいは、シラカシなどの、クヌギ以外の樹種を利用していることもあります。日本の里山は近年荒廃し、環境は悪化の一途をたどっていますが、カブトムシは人が新たに作り出した環境を柔軟に利用しながら繁栄を続けています。

カブトムシは希少種だった？

カブトムシが人の活動に強く依存していることが分かってもらえたと思いますが、では、人が農業を始める前のカブトムシはどこでどのように暮らしていたのでしょうか？そこには堆肥の山もなければクヌギの木もありません。カブトムシが暮らせる場所は限られており、今ほどありふれた昆虫ではなかったかもしれません。大昔のカブトムシの生活を知るすべはありませんが、生息地の有力な候補になるのは河川敷です。現在の日本では考えられないかもしれませんが、人が改修を行う前の河川は大雨のたびに氾濫《はんらん》し、河川敷にはたくさんの丸太が打ち上げられたことでしょう。河川敷は湿度が高いため、それらの丸太は柔らかい状態で腐食が進み、幼虫にとって適した餌になったはずです。現在でも、河川敷の倒木や立ち枯れの中からカブトムシの幼虫が見つかることがあるので、あながち的外れな想像ではなさそうです。ただし、そのような〝自然〟な環境で発見される幼虫は体が小さいことが多く、人が作り出した腐葉土や堆肥に比べると、朽木は栄養価が劣る餌だと考えられます。

成虫は、頻度は低いながら、クヌギ以外にも多くの樹種を利用します。たとえば、河畔林に多く自生するヤナギ類は、カブトムシの重要な餌になっていた可能性があります。また、コナラ、ヤマグワ、タブノキ、オニグルミ、シラカシなどに見られる、他の昆虫(カミキリムシやキクイムシなど)による食害痕からは、樹液が一時的に染み出します。そのような場所は現在でもカブトムシの餌場になることがありますが、クヌギが日本に移入されるより前は、今以上に餌場としての重要性が高かったと考えられます。また、サイカチやトネリコの幹を自ら大顎で削り、そこから滲《し》み出す樹液を舐《な》め取る行動も観察されています。このように、カブトムシはクヌギがなくても生きていけないわけではありません。しかし、第5章で説明するように、クヌギの樹液は他の種の樹液よりもカブトムシの餌として適しており、クヌギが日本に持ち込まれたことで、カブトムシは一気に生息範囲を拡大させた可能性があります。

コラム　ナラ枯れとカブトムシ

２０１５年頃から関東地方で〝ナラ枯れ〟が広がり始めました。ナラ枯れは、カシノナガキクイムシという体長５㎜程度の小さな甲虫が、木の幹に穴をあけて集団で食い荒らすことで引き起こされます。

カシノナガキクイムシはさまざまなブナ科植物を食害しますが、特に好むのはコナラという植物です。コナラはクヌギと近縁ですが在来の植物です。普段はコナラに樹液場ができることはめったにありません。しかし、ナラ枯れが進行してからは、コナラの木に群がるカブトムシの姿が頻繁に見られるようになりました。彼らは、カシノナガキクイムシが掘った穴に頭を突っ込み、樹液を舐めているのです。同じく、シラカシという植物でも、カシノナガキクイムシの掘削した痕から、カブトムシが吸汁する姿がしばしば見られます。ナラ枯れは人にとっては大変厄介な問題ですが、カブトムシにとっては新しい餌場がたくさんできて喜ばしい状況と言えそうです。

しかし、カシノナガキクイムシが作り出す餌場は長続きしません。さらに、最終的には木そのものが枯れてしまうこともあります。また、クヌギにもナラ枯れの被害が及んでいる地域もあります。このような事態が続くとカブトムシはいずれ数を減らしてしまうかもしれません。

ナラ枯れがカブトムシに短期的、または長期的にどのような影響を与えるのかは、生態学的にも大変興味深いテーマです。関東に住んでいる方はぜひ注目してみてください。

第3章　幼虫のくらし

カブトムシの幼虫は成虫に比べると地味な存在です。見た目も他のコガネムシ科と同じようなイモムシ型をしており、特筆すべき点はありません。いつも土の中に潜っており、派手な動きをするわけでもなく、気が付いたら大きくなっています。飼っていてもそれほど面白くはありません。しかし、研究を進めるなかで、幼虫が進化させてきた驚くべき能力や、他の虫にはないユニークな生態が明らかになりつつあります。この章では私たちが行ってきた、幼虫の生態に関する一連の研究について紹介します。

幼虫の餌の質が成虫の体の大きさを決める

カブトムシの成虫を野外で集めると、大きいものから小さいものまで、さまざまなサイズのものが混じっています。並べてみると、同じ種類かと疑いたくなるほど、サイズのばらつきが大きいこともあります。なぜこのようなばらつきが生まれるのでしょうか。

昆虫の体の大きさは成虫になってから変化することはなく、幼虫の時に決まってしまいます。成虫の体の大きさにばらつきをもたらす原因として、まず考えられるのは、幼虫期の餌の質のばらつきです。体の小さい成虫は、幼虫の時にあまり栄養のある餌を食べられなかったような個体かもしれません。たしかに、飼っている幼虫の餌替えをさぼったら、糞《ふん》だらけになった腐葉土の中から極小サイズの成虫が羽化してきた、という話もよく聞きます。質の良い餌と質の悪い餌を使って幼虫を育てた時、成虫の体の大きさにどのような違いが出るのか、飼育して実験することにしました。

同じ母親から得られた卵を、質の良い餌と質の悪い餌にランダムに振り分けました。質の良い餌として用いたのは市販のカブトムシマットです。カブトムシマットは、広葉樹の廃材を砕いてチップにしたものに、ふすまなどを入れて発酵させることで作られます。質の悪い餌として、クワガタムシなどの飼育のために売られているおがくず状のマットを使うことにしました。原料はカブトムシマットと同じですが、発酵があまり進んでいません。それぞれの餌条件のもと、幼虫を1個体ずつ飼育し、糞がある程度目立ってきたら、餌を新しいものに入れ替え、餌を切らさないようにして、成虫になるまで育てました。羽化してきた成虫のサイズの違いは一目瞭然でした。質の悪い餌から得られた成虫は、コフキコガネと見《み》紛《まが》うほどのサイズしかなく、通常のカブトムシマットで育てた個体に比べると、体重は１／３程度しかありませんでした（Kojima 2019）。

ここまでは想定内だったのですが、興味深いことに、オスとメスで、餌の種類による影響の受け方が異なることも分かりました。オスの体の大きさの方が、餌の状態に対しより鋭敏に反応し、極端に変化したのです。その結果、質の良い餌で育った場合は、オスの方がメスよりもずっと大きな体を持つのに対し、質の悪い餌で育った場合は、オスとメスの体の大きさはほとんど変わりませんでした（図３−１）。

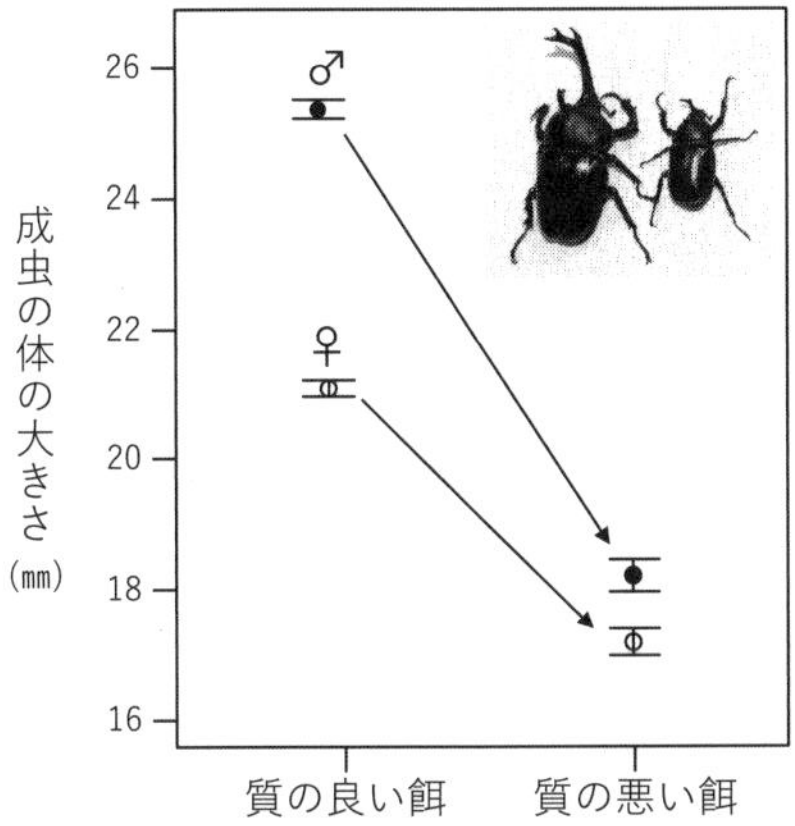

図３−１　幼虫期の餌の質と成虫の体のサイズの関係。メスよりもオスのサイズの方が、餌の質に対して変化する度合いが大きいことが分かる。図中に質の良い餌（左）、質の悪い餌（右）で育てた時のオスの写真を示す。

オスもメスも体が大きい方が繁殖に有利なのは間違いありません。体が大きければ、オスは他のオスとのけんかに勝ちやすくなり、メスは多くの卵を産めるからです。しかし、体が大きくなった時にどれだけ得をするかが、オスとメスで違う可能性があります。カブトムシの場合、大きな体を持つことで得られる利益はメスよりもオスの方が大きいと考えられます。オスの場合、わずかに体が大きくなるだけでも、けんかの勝率が劇的に高まり、メスと交尾するチャンスがその分増えるからです。たとえば、体重が1・5倍になった時、メスは1・5倍多くの卵を産むのに対し、オスは3倍の数のメスと交尾できるとします。そのような条件のもとでは、進化の力により、オスの方がメスよりも餌の質に対する感受性が高くなるはずです。

毎年カブトムシを採り続けている人は気付いているかもしれませんが、野外で採集される成虫のサイズは同じ場所でも年によって大きく異なります。私も、山口県山口市や茨城県つくば市の雑木林で、数年間にわたって、カブトムシをたくさん捕まえ、体の大きさを記録してきました。そのデータを見返すと、体の大きさは年によって不規則に大きく変動することが分かりました（Kojima 2019）。小さな個体ばかりが採れたと思ったら、その翌年には大きな個体ばかり採れるようになったり、あるいはその逆のことが起こったりするのです。このような体の大きさの年変動も、幼虫期の餌の質の違いによるものが大きいと考えられます。大型の個体は、人が作った腐葉土や堆肥のような栄養たっぷりの環境で育った可能性が高く、たまたま人がそのような場所をたくさん作った場合は、その翌年に周辺で大きな成虫が多く見られるようになるのでしょう。また、野外で採集された個体の大きさを測ると、オスの方がメスよりも年による変動の幅が大きいことが分かりました。これは上で説明した飼育実験の結果とも合致します。

発酵の進んだ餌の見つけ方

カブトムシの幼虫の移動能力はそれほど高くないので、質の悪い餌場で孵化《ふか》したとしても、隣の餌場まで移動するというわけにはいかず、自分が生まれた場所で生きていくしかありません。しかし、一つの餌場の中の条件が完全に一様であるとは考えにくく、好適な、あるいは、ましな場所が局所的に存在するはずです。幼虫は土の中でそのような場所を見つけ出すことができるのでしょうか。簡単な実験で確かめてみることにしました。

まず、直方体の容器を用意しました。このときは、100円ショップで見つけてきた長さ30㎝のパスタケースを使いました。そして、上の飼育実験で使ったのと同じ、質の悪い餌を敷き詰めました。さらに、容器の片方の端にのみ、質の良い餌としてカブトムシマットを入れておきました。この容器の中央付近に幼虫を入れ、この幼虫がカブトムシマットを見つけられるかを観察しました。すると、潜るやいなや、多くの個体が、カブトムシマットの方へ進み始めました。30分経《た》った頃にはほぼすべての個体がカブトムシマットのそばから発見されました。幼虫は、少なくとも数十㎝ほど離れた場所から、質の良い餌がある場所をたやすく見つけることができるのです（Kojima 2015a）。

では、幼虫はどのようにして質の良い餌を見つけているのでしょうか。視覚的な情報は土の中では使えないはずなので、化学的な情報、つまり匂いを手がかりにしていると考えられます。幼虫にとって〝良い餌〟というのは、微生物が豊富な発酵の進んだ餌を意味します。微生物も人と同じように、呼吸によって二酸化炭素を排出します（ただし、酸素が十分にある条件に限ります）。二酸化炭素に誘引される動物としては蚊が有名です。

蚊は二酸化炭素を手がかりに、吸血する獲物を探します。同じように、カブトムシの幼虫も、微生物の豊富な餌を見つけ出すために、二酸化炭素を使うかもしれません。

このことを確かめるため、簡単な方法で実験してみました。飼育容器に入った幼虫とストローを用意し、ストローを使って土の中に息を吹き込んでみました。すると、あっという間に幼虫がそこを目指して集まってきたのです。呼気に含まれる二酸化炭素に反応したとしか考えられません。その後、呼気の代わりに、純粋な二酸化炭素を使って実験したときも、同じように幼虫が集まってきました。二酸化炭素の量を変えながら実験を繰り返したところ、かなり少ない量の二酸化炭素でも十分に幼虫は反応することが分かりました（Kojima 2015a）。二酸化炭素の〝匂い〟を感知できない私たち人間からすると、なんだか不思議な感じがします。

卵の大きさと成虫の大きさ

幼虫のときに経験する餌の質によって成虫の体の大きさが強く影響を受けることを先ほど説明しました。しかし、興味深いことに、幼虫を実験室で同じ条件で成虫まで育てても、その大きさは個体によってばらつきます。これは、餌の質以外にも、成虫の体の大きさに影響する要因が存在することを意味しています。考えられる要因として遺伝が挙げられます。大きい体を持つ両親からは、そのような遺伝子が引き継がれ、大きな体を持つ子が産まれるかもしれません。

もう一つの可能性として、母性効果が考えられます。母性効果とは、遺伝とは別の仕組みにより、母親の性質が子の性質に影響することを指します。遺伝の場合は、文字通り、遺伝子を介して、親の性質が子に受け継がれますが、母性効果は、ホルモンや母親が子に与える餌などを介した効果です。たとえば、母親が子に授乳するような哺乳類では、体の大きな母親ほど多くのミルク、あるいは質の良いミルクを子に与えるため、子が大きな成体へと成長するかもしれません。もちろん、母親でなく父親の性質が子に影響することもありますが（父性効果）、あまり一般的ではありません。カブトムシの場合、母親が孵化した幼虫を直接養うわけではありませんが、卵を通して子に養分を〝先行投資〟しています。私は、たくさんのカブトムシの卵を観察するうちに、卵のサイズが母親ごとに大きく異なることに気付きました。最初にたくさんの栄養をもらった幼虫

（＝大きい卵から産まれた幼虫）とそうでない幼虫（＝小さい卵から産まれた幼虫）では、成虫時のサイズも異なるかもしれません。実験で確かめることにしました。

そもそも、卵のサイズのばらつきはどのようにして生じるのでしょうか。他のいくつかの昆虫では体の大きなメスほど大きな卵を産むことが知られていたため、カブトムシでもそのようなパターンが見られるかもしれません。実験室内で羽化させたさまざまな大きさのメスをある特定のオスと交尾させ（オスの影響を排除するため）、個別に飼育して、定期的に採卵し、その重さを測りました。20個体のメスから得られた計２０６０個の卵のデータを用いて解析したところ、大きなメスほど大きな卵を産むことが分かりました（Kojima 2015b）。大きなメスはエネルギー的に余裕があるので、一つの卵に多くの資源を投資することができるのかもしれません。

カブトムシの成虫は体のサイズのばらつきが大きいこともあり、卵のサイズのばらつきも決して小さくありませんでした。実験に使った20個体のメスの中で最も体の小さい個体が産んだ卵の平均重量は33mgだったのに対し、最も体の大きい個体が産んだ卵の平均重量は43mgでした。また、計測した２０６０個の卵の中の最小のものは20mg、最大のものは60㎎と、その重量には大きなばらつきがありました。小さい卵から孵化した幼虫は小さい体を持つことから、生まれた時点でハンデを背負っていることになります。

では、小さな卵から生まれた小さな幼虫は、いつまでそのハンデを背負い続けるのでしょうか。孵化した幼虫をそのまま個別条件で飼育し続け、成虫になるまで定期的に体重を測定しました。すると、小さい状態で孵化した幼虫は、より大きい倍率で成長し、大きい状態で孵化した幼虫との体重差は徐々に縮まりました。これは、〝追いつき成長〟や〝補償成長〟と呼ばれる現象で、ほかのいくつかの昆虫でも知られています。しかし、幼虫の努力にも限界がありました。小さい母親から生まれた小さい幼虫は、大きい母親から生まれた幼虫ほど大きな成虫になることはできなかったのです（Kojima 2015b）（図3-2）。つまり、大きい母親から生まれるのか、それとも小さい母親から生まれるのかによって、自分の運命はある程度決定づけられているということです。

以上の実験の結果を踏まえると、皆さんができるだけ大きなカブトムシの成虫を手に入れたいのであれば、幼虫に良い餌を与えるのはもちろんですが、できるだけ大きなメスから採卵するほうが良いということが言えます。ちなみに、この実験から、母親は老化が進むにつれて、小さい卵を産むようになることも分かりました。若い母親の卵を使うほうが大きな成虫が得られるかもしれません。また、過去の研究からも示唆されていたように（Karino et al. 2004）、父親の大きさは子の大きさにほとんど影響しないことも分かりました。

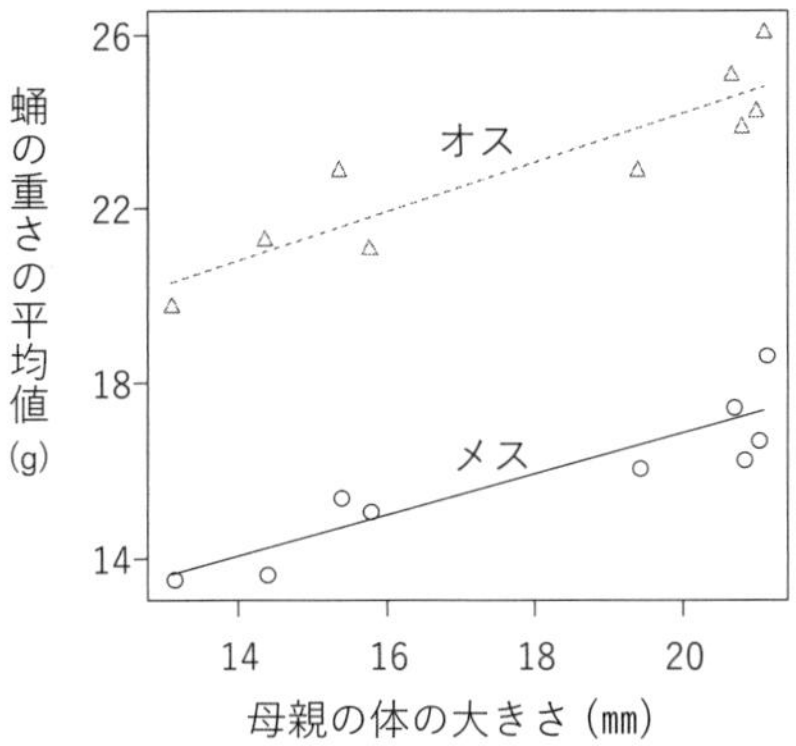

図３-２　母親の体の大きさと子の大きさの関係。母親（９個体）の体のサイズと子が蛹になったときの体重の平均値の関係。大きな母親から産まれた息子や娘は大きな蛹へと成長することが分かる。蛹の体重は成虫時の体のサイズの指標である（コラム参照）。

母親の大きさが子へ伝わるという点だけ見ると、今回発見した現象は〝遺伝〟と似ています。しかし、子への影響は卵のサイズを介したものであること、さらに、母親の大きさを決定するおもな要因は、幼虫期の餌のような後天的なものであることを考えると、遺伝ではなく母性効果である可能性が高いと考えられます。この二つの現象は生物学的な意味が異なります。遺伝的な性質は子孫代々受け継がれてゆくのに対し、母性効果は遺伝子を通したものではないので、環境が大きく変われば、その世代で効果はリセットされます。

幼虫が成長するしくみ

カブトムシを卵から育てたことのある人なら思い当たるかもしれませんが、幼虫は驚くべきスピードで成長していきます。孵化したときは40mgほどだったものが、2か月もしないうちに最大サイズである20～30gにまで成長します。比率に直すと500倍から750倍です。つまり、野外では早ければ9月終わり頃に、すでに特大サイズの終齢幼虫が見られることになります。そして、その後はほとんど体重が増加することなく冬を越し、翌春に蛹《さなぎ》になります。このように、幼虫は一定のスピードで成長するわけではなく、図3－3のようにS字のような軌跡を描いて成長します。3齢の初期までの急成長する時期には、一気にたくさんの餌を食べるため、幼虫を飼育していたら少し目を離した間に容器の中が糞だらけになってしまったという経験がある人もいるでしょう。では、具体的にはどのくらいのスピードで餌を食べているのでしょうか。また、食べた餌のう

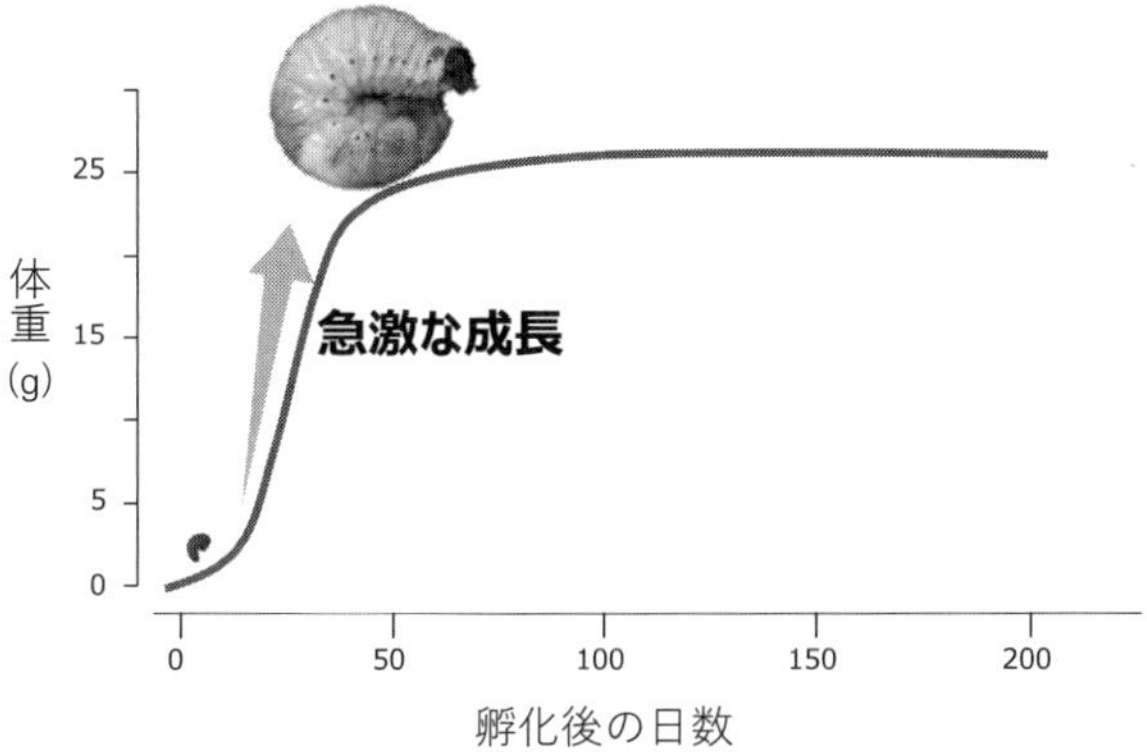

図3-3　幼虫（本州の集団）の成長曲線。孵化してから2か月程度の間に急成長し、その後成長はほとんど停止する。

ちのどれくらいの割合が成長に使われているのでしょうか？　オスとメスでそれらに違いはあるのでしょうか？　このようなデータはこれまで示されていませんでした。研究室に卒論生として配属された高橋勇士郎さんが調べることになりました。

幼虫が食べた餌（カブトムシマット）の重量を調べるために、私たちは以下のような方法を考えました。プラスチックカップにカブトムシマットと重さを測った幼虫を入れ、その後、蓋を含めた容器全体の重さを測ります。ここで重要なポイントは、使用するカブトムシマットをあらかじめふるいにかけて、木片などを取り除いておくということです。また、

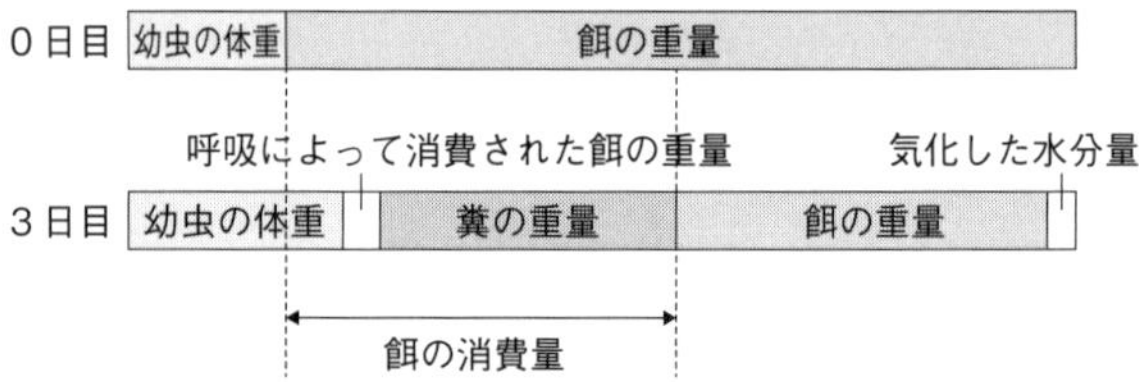

図3-4　実験前後における餌と幼虫の質量の収支。餌の消費量は、糞の質量と幼虫の成長量と呼吸によって消費された餌の重量の和である。呼吸によって消費された餌の質量は、0日目の容器全体の重さから3日目の容器全体の重さと気化した水分量を引くことによって求めた。気化した水分量は、幼虫の入っていない容器の重量変化から推定した。

水分の蒸発を極力抑えるために、容器の蓋にはほんの小さな空気穴をあけるだけにしておきます。25℃の部屋にこの容器を3日間静置します。そして、容器全体の重さを測った後に幼虫を取り出して重さを測るとともに、容器内のカブトムシマットをふるいにかけます。ふるいの上には糞だけが残るので（あらかじめマットをふるいにかけたのはこのためです）、それを回収し、重さを測ります。糞の重さ、幼虫の重さ、容器全体の重さの収支から、3日間で幼虫がどれだけカブトムシマットを食べたかが計算できるのです（図3-4）。

実験の結果、約2gの2齢幼虫は1日当たり約3g、約5gの3齢幼虫は1日当たり約5g、約20gの3齢幼虫は1日当たり約8gのカブトムシマットを食べることが分かりました。参考までに、大さじ1杯のカブトムシマットは3～4gです。大きい幼虫ほど多くの餌を食べるのは当たり前なので、その効果を取り除くため、体重に対する摂食量（相対摂食量）に注目してみましょう。相対摂食量を計算してみると、2齢幼虫はなんと自分の体重の1・5倍もの餌を一日に摂取していることが分かります。しかし、成長するとともにその量は減少し、成長しきった幼虫は体重の半分以下の量の餌しか一日に食べていません。つまり、幼虫は、成長するにつれて、餌を食べる量が相対的に減っていくのです。オスとメスでは相対摂食量に差がないことも分かりました。

では、食べた餌のうちどのくらいの割合が成長に使われているのでしょうか。この指標は成長効率と呼ばれ、ある期間での体重増加量を、その間に食べた餌の重量で割ることで計算できます。データから3日間における成長効率を計算すると、2齢幼虫のときは約8％でしたが、成長とともに低下し、約20gの3齢幼虫ではわずか2％しかありませんでした。つまり、発育の進んだ幼虫は、相対的に少ない量の餌しか食べない上に、食べた餌のうちほんのわずかしか体重増加に利用していないことになります。十分大きく成長した幼虫では、食べた餌は、体重には反映されない生理的な変化や成熟のためにおもに利用されているのかもしれません。あるいは、そもそも食べた餌をきちんと消化していないのかもしれません。また、成長効率はメスに比べてオスの方が高いことも分かりました。

さらに、食べた餌が糞として体の外に排出されるまで、どのくらいの時間を要するのかを調べることにしました。そのために使ったのは、着色したカブトムシマットです。この方法は、食べさせるマットの種類を変えると糞の色が変化することからヒントを得たものです。着色するための物質として、赤、黄、緑など、さまざまな色の食品着色料をスーパーで買って試してみましたが、カブトムシマットはそもそも黒っぽい色をしているので、うまく着色することはできませんでした。試行錯誤の上たどりついたのは酸化チタンという白色の物質です。これはファンデーションなどの化粧品にも広く使われている物質で、毒性もほとんどありません。カブトムシマットに酸化チタンの粉末を少量混ぜ込むことで、真っ白なカブトムシマットを作り出すことができました。試しにこのマットを幼虫に食べさせてみると、真っ白な糞をするようになりました。実験するための準備が整いました。

実験の方法は以下のとおりです。まず、着色されたカブトムシマットを幼虫に80分間与えます。この間に幼虫は着色されたカブトムシマットを餌として体内に取り込みます。そして幼虫を再び通常のカブトムシマットに戻します。カブトムシの消化管は体表から透けて見えるので、取り込まれた白い餌が、時間が経つにつれ、消化管を進み、後腸のほうへ向かって移動するのが目視で確認できます（図3－5）。やがて幼虫は白い糞を排出します。幼虫を通常のカブトムシマットに戻してから白い糞が確認されるまでの時間が、餌が消化管に留《とど》まる時間（滞留時間）に相当すると考えられます。ただし、80分間という長い時間着色した餌を食べさせているので、この方法で求まるのは大まかな目安の時間だということに注意が必要です。

図3－5　白く着色されたマットを食べた幼虫（左）。通常の餌を食べた個体（右）に比べ、腹部の後端が白く見える。

実験の結果、2齢幼虫のとき、餌の滞留時間は6～7時間でしたが、成長に伴い、徐々に増加し、3齢幼虫の中期では10時間程度になりました。餌の滞留時間は、たとえて言うなら、飲食店での客の回転の速度のようなものであり、成長速度はその店の収入に当たります。つまり、若い幼虫ほど回転速度が速く、それが多くの収益（素早い成長）につながっている可能性があります。また、この結果は、先述した、若い幼虫ほど単位時間当たりの相対的な摂食量が多いという事実とも整合性がとれます。

以上の結果をまとめると、2齢～3齢初期の急速な成長は、素早く体内に食物を循環させることと、短時間のうちでも効率よく消化・吸収できるようなしくみの両方によって実現されているといえます。飲食店のたとえをもう一度使うなら、回転速度を上げ、かつ、客単価も上げることで、収益を最大化しているということになります。

幼虫はなぜつねに最大速度で成長しないのか

ここまでの実験から、幼虫の成長速度、摂食量、成長効率は若い時期で最も大きく、その後減少することが分かりました。このことは、裏を返すと、幼虫は大きくなるために、つねに最大の〝努力〟をしているわけではないことを示しています。もしかすると、素早く成長することには何らかのコストが伴うかもしれれません。私たちが注目したのは免疫に対するコストです。幼虫が暮らす腐葉土の中は、細菌や菌類にとって格好の住みかです。特に、糸状菌（カビ）や細菌の一部は幼虫にとって大きな脅威であり、幼虫が少しでも弱ると、あっという間に彼らに感染して殺してしまいます。外見からは分かりませんが、健康な幼虫は免疫に対してかなり多くのエネルギーを割いており、そのため、衛生的でない環境の中でも生きていけるのだと考えられます。

卒論生の一人である川内夏菜さんは、幼虫の成長速度と免疫能の関係を調べました。いろいろな日齢の幼虫を使い、ある3日間での成長速度を調べ、その直後に採血し、血球の密度を計算しました。血球とは免疫反応の時に活躍する細胞であり、その密度は免疫能の指標として昆虫の研究で広く使われてきました。採取した血リンパ（ヒトで言う血液にあたるもの）を、凝固と変色を防ぐための試薬と混ぜ、それをスライドガラスに載せて光学顕微鏡で観察し、血球をカウントします。約500個体を調査した結果、成長速度の大きい個体ほど血球の密度が小さいことが分かりました。この結果は、急速に成長することと引き換えに、免疫に対する投資を犠牲にしていることを示しています。この調査では、メスの方がオスよりも血球の密度が大きいこと、成長するに従い、血球密度が増加することも分かりました。ただし、血球密度の大きい個体やゆっくりと成長する個体が本当に病気にかかりにくいかはまだ不明であり、今後検証する必要があります。

幼虫はいつ蛹になるのか

冬眠に入ると、幼虫の体重は少しずつ減少します。冬眠が明けると、その分を取り戻すように、幼虫は再び餌を食べ始めます。冬眠が明けて40日ほど経過すると餌をあまり食べなくなり、蛹になる準備を始めます。では、土の中で暮らす幼虫たちは、どのようにして蛹になるタイミングを決めているのでしょうか。体内時計のようなものが備わっているのでしょうか。あるいは温度が関係しているのでしょうか。よく調べてみると、ほかの昆虫ではほとんど知られていないような驚くべき仕組みが存在していることが明らかになりました（Kojima 2015c）。

この研究を始めたきっかけは、カブトムシを飼育している中で、不思議な現象に気付いたことです。同じ容器で何匹かの幼虫を一緒に飼っていると、幼虫たちはほとんど同じタイミングで蛹になっていたのです。野外でも同じことが起こっているのか気になったので、初夏に腐葉土や堆肥を掘り返して調べてみましたが、一つの餌場の中に住む幼虫の多くは、数日というほんの短い間に蛹になることが分かりました。もちろん、同じ場所で育った幼虫たちは、似たような温度や餌条件を経験してきたはずなので、発育状態が揃《そろ》うのは当たり前かもしれません。しかし、私にはそれだけで説明できるとは思えませんでした。幼虫の期間は10か月近くあります。いくら同じ条件で育ったからと言って、これほどぴったりと同じタイミングで皆が蛹になるでしょうか？　もしかすると、幼虫たちはコミュニケーションをとり、示し合わせて一斉に蛹になるのかもしれないと思いました。しかし、昆虫でそんな話は聞いたことがありません。そうだとしたら大発見です。確かめることにしました。

まず、幼虫が冬眠から覚めるであろう春先に、野外の腐葉土置き場からたくさんの幼虫を採集し、実験室に持ち帰りました。そして、飼育ケースに2個体ずつ幼虫を入れ、毎日観察して、それぞれの幼虫が蛹になった日を記録しました。すると、同じ容器に入った2個体の幼虫は見事にほぼ同じ日に蛹になったのです。一方、違う飼育ケースに入れた幼虫どうしを比べると、蛹になるタイミングはバラバラで、平均すると1週間近くずれていました。つまり、互いに接触がなければ、同じ生息場所に由来する幼虫であっても、蛹になるタイミングは完全には一致しません。この結果から、幼虫どうしが何らかの相互作用をして、蛹になるタイミングを合わせている可能性が強まりました。最初の直感は正しかったのです。

では、幼虫たちはどのようにして蛹になるタイミングを合わせるのでしょうか。三つの可能性が考えられます。一つ目は、発育の早い幼虫が、自分より発育の遅い個体がいるときに蛹になるタイミングを遅らせるというものです。二つ目は、一つ目とは反対に、発育の遅い個体が、自分より発育の早い個体につられて、本来のスケジュールよりも早く蛹になるというものです。三つ目は、これらの二つが同時にはたらくというものです。三つの仮説を区別するためには、発育状態の違う2個体を一緒に飼育し、それぞれの幼虫が蛹になったタイミングを調べる必要があります。カブトムシはこの実験をするうえでとても都合の良い性質を持っており、冬に採ってきた幼虫を冷蔵庫で冷やしておくことで、発育の進行を止めることができるのです。そのため、冷蔵庫から取り出すタイミングを調整することで、異なる発育状態の幼虫を同時に用意できます。

冬の間に野外から幼虫をたくさん採集し、ランダムに二つのグループにわけ、冷蔵庫内で保管しました。片方のグループをある日一斉に冷蔵庫から取り出し、その18日後にもう一つのグループを冷蔵庫から取り出しました。つまり、早く冷蔵庫から取り出したほうのグループは、もう片方に比べて平均約18日分発育が進んでいるはずです（ただし、実際には冷蔵庫の中でもわずかに発育が進むため、発育の差は18日よりやや短くなります）。そして、発育の早いグループ、発育の遅いグループをそれぞれ単独で飼育したもの、発育の早いグループと発育の遅いグループのそれぞれから1個体ずつを同じ容器で飼育したものを作り、それぞれの個体が蛹になるタイミングを調べました。幼虫の頭に油性ペンで、グループごとに異なるマークをつけておき、実験後に脱皮殻を調べることで、同じ容器に2匹幼虫がいる場合も、個体の識別が可能になりました。

この実験の結果、発育状況の異なる2個体を一つの容器で育てた場合、発育が進んだほうの幼虫は、単独で育てられたときよりも遅く蛹になっていました。同時に、発育の遅れたほうの幼虫は、単独の個体よりも、発育の進んだ個体と一緒に育てられた場合に、より早く蛹になっていました。その結果、本来は2個体の間に約18日分の発育の差があったにもかかわらず、同じ容器に入れられた2個体間の蛹化日《ようかび》のずれは、わずか数日へと短縮されました。つまり、発育の進んだ個体と発育の遅れた個体のそれぞれが互いに〝歩み寄る〟ことで、蛹になるタイミングを同期させていたのです。周囲にいる他個体の発育状態をどのように査定しているかは分かっていませんが、他個体と同調して蛹になることで、成虫になるタイミングを逃さないようにしているのかもしれません。

インターネットで検索していてあとから分かったことですが、多くの愛好家たちはカブトムシの〝同調蛹化現象〟に私が気付くよりずっと前から気付いていたようなのです。彼らは、飼育している虫をうまく交配させるために、オスとメスが羽化する時期をそろえる必要があります。そのために、オスとメスの幼虫を同じ容器で飼育するそうで、ブリーダーの間では比較的有名なテクニックらしいです。また、私は未確認ですが、この現象は海外の大型のカブトムシの仲間でも見られるとのことです。今回の私の研究は、愛好家の間の通説を、科学的に検証したことになります。このように、アマチュアの間の常識が、生態学的に見るとじつは面白い現象だった、というようなことが、身近な生き物の研究では時々起こります。

コラム　〝大きさ〟って何？

この本の中では、卵の大きさを調べるような実験が何度か登場します。本当のことを言うと、これらの実験で私が測っているのは卵の大きさそのものではありません。カブトムシの卵の〝本当の〟大きさを測るのはかなり難しいのです。というのも、カブトムシのように土の中や水分の多い場所に産卵する昆虫の場合、産み落とされた卵が水を吸い、どんどん大きくなっていくからです。産み落とされた直後の卵の大きさを測れば理屈上は問題ないはずですが、現実的にはそのような卵を回収するのは簡単ではありません。

そこで、孵化してから1日以内の幼虫の重さを測り、卵の大きさの指標とすることにしました。孵化した幼虫は、本来であればすぐに餌を食べ始めますが、それにより体重が変化すると本当の体重が分からなくなるので、卵を湿ったティッシュペーパーの上に置き、孵化した幼虫が餌にアクセスできないようにすることで、摂食前の幼虫の体重を測っていました。産み落とされてから1日以内の卵の重さと、孵化した幼虫の重さはきれいに相関するため、この方法は妥当だと言えます。

同じように、〝成虫の体の大きさ〟を知りたいときも一筋縄ではいきません。たとえば、カブトムシのオスとメスの大きさを比べたいとき、皆さんは何をサイズの指標として測りますか？ 体長でしょうか？ それとも前翅《ぜんし》の長さでしょうか？ いずれも最適とは言えません。オスとメスはそもそも体形がまったく違うので、長さに関する指標を比べてもあまり意味がないのです。それよりも体重の方が大きさの指標として適しています。ただし、成虫の体重は餌を食べたかどうかなど、そのときの個体の状態によって変動するため、やはり扱いに注意が必要です。一番良いのは蛹のときの重さです。しかし、野外で採ってきた成虫が蛹だったときの体重は、もちろん知りようがありません。一言で〝大きさを測る〟と言っても、〝大きさとは何か〟を突き詰めていくと、意外と奥が深いのです。

第4章　カブトムシを食べたのは誰？

散らばる死体の謎

カブトムシの成虫を採りに行ったことのある方は、樹液の出る木の下に、カブトムシの頭や翅《はね》が散乱しているのを見たことがあるかもしれません。これらのカブトムシは、たいてい、中胸より下の部分がありません。明らかに何者かに食べられたように見えますが、〝最強の昆虫〟として名高いカブトムシの天敵とは果たして何者なのでしょうか？

私は博士課程の学生の頃、茨城県つくば市の森林総合研究所で、高梨琢磨研究員の指導のもと、幼虫の行動の解析を行っていました。この実験は、幼虫をセットしてから1時間以上待ち時間がありました。そんな実験の合間にこの研究所のキャンパスを散策して生き物を観察するのが私の楽しみでした。関東平野の古き良き平地林を象徴するような生き物との出会いにあふれる素晴らしいフィールドでした。キャンパスの中の林には

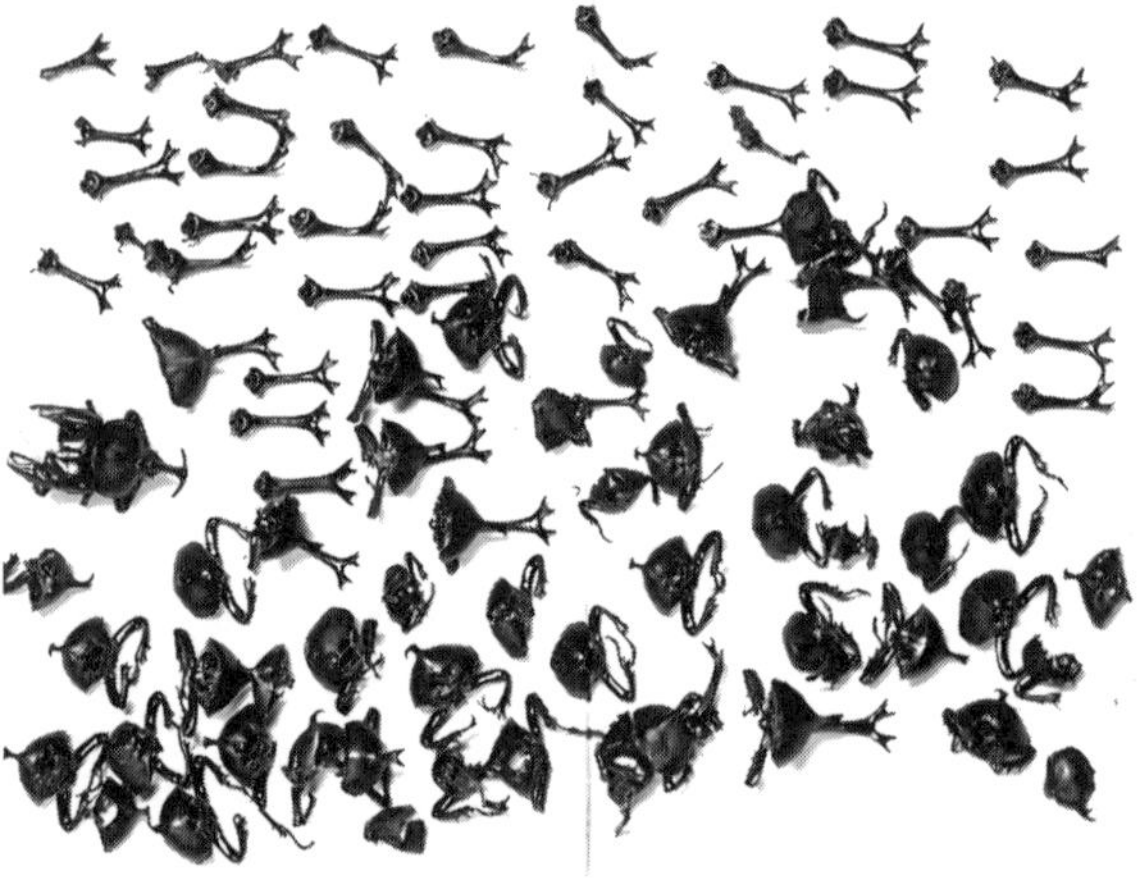

図4-1　クヌギの木の下から集めたカブトムシの残骸。角や前胸などの硬い部分が残される。

ツミやフクロウが営巣し、ヤマグワの木にはトラカミキリが闊歩《かっぽ》していました。泊まり込みで実験をしたときは、実験棟の灯《あか》りに飛来してきたムネアカセンチコガネを捕まえたり、樹液に集まるアカアシオオアオカミキリを観察したりしていました。

もちろんカブトムシもたくさん住んでいます。構内には数本のクヌギの〝ご神木〟があり、夜に見に行くと、多くのカブトムシが樹液に群がり、まさに、図鑑の絵のような光景が広がります。そして、ご多分に漏れず、この木の下にも、大量のカブトムシの残骸が転がっていました。

どれも中胸より下だけをきれいに食べられており、残された部分がまだ動いていることもありました。

犯人はカラス？

誰がカブトムシを食べたのでしょうか。カブトムシは昆虫としては巨大で、鎧《よろい》のような硬い外骨格に覆われているため、ムクドリやヒヨドリのような小型〜中型の鳥は歯が立ちません。しかし、大型の鳥類であれば問題にならないかもしれません。たとえば、カブトムシの捕食者として報告されている鳥類としてフクロウが挙げられます。京都府内の林では、フクロウが樹液場のそばでカブトムシを専門的に狙っており、やはり中胸より下だけを食べていたという事例が報告されています（Hongo & Kaneda 2009）。研究所のキャンパス内にもフクロウの親子が住み着いていたため、フクロウは有力な犯人の一つです。

鳥類でほかに候補になるのはカラスです。インターネットで調べると、カラスがカブトムシを食べるのは、あたかも常識かのように書かれています。しかし、よく調べてみると、実際にその瞬間を目撃したという話は少なく、写真や動画におさめられたものとなると、全く見当たりませんでした。樹液場のそばによくカラスがいる、といった状況証拠から、カラスが犯人だと思われているケースが多いようでした。夜間に灯火に飛来したカブトムシを朝になってカラスが食べているのを見たという話はちらほらとありましたが、これは人間活動が介在しているため、樹液場での捕食とは状況が大きく異なります。私も、樹液場でカラスがカブトムシを食べている可能性が高そうだとは思いましたが、捕食シーンをきちんと映像として記録し、証拠を残した方がよいと感じました。

当時この研究所で研究員をされていた杉浦真治さん（現・神戸大学准教授）の協力のもと、自動撮影用のカメラで撮影を試みました。使用したのは赤外線センサーカメラです。温かい物体が横切ると自動的に動画が撮影されます。防犯カメラとしてもよく使われるようなものです。このカメラを樹液が出ているクヌギのまわりに数台ずつ設置しました。

数日後、カメラを回収して映像を確認すると、早朝に1羽のハシブトガラスが木の根元に飛来するのが映っていました。ハシブトガラスは樹液場にとまっているオスのカブトムシに飛びつきました。そして一瞬のうちに嘴《くちばし》でカブトムシをかすめ取りました。カ

図4-2　クヌギの樹液場でカブトムシを狙うタヌキ。

ラスはその後、木の根元で、脚でカブトムシを押さえながら、嘴でカブトムシの腹部を引きちぎって食べていました。
やはり、犯人はハシブトガラスだったのです。

もう一つの天敵

しかし、撮影されていた動画はそれだけではありませんでした。夜間にもしばしば動画が記録されていたのです。何だろうと思って確認してみると、姿を現したのはタヌキでした。偶然通りかかっただけかと思いきや、タヌキは樹液場に鼻を近づけ丁寧に樹液場を探り、採餌していたカブトムシを見つけるやいなや、口を使って樹皮から引きはがし、木の根元で食べ始めたのです。思いがけないタヌキの行動に驚きました。

しかも、このような捕食行動が観察されたのはこの日だけではありませんでした。タヌキは木登りがほとんどできませんが、それでも、必死に木の根元に脚をかけ、木にしがみつくように背伸びをしながら、木の上の方についているカブトムシを口で捕まえるシーンも見られました。カブトムシに強い執着を示していたことが分かります。危険を察知したカブトムシが飛んで逃げることもありましたが、カブトムシは飛ぶのがうまくないため、すぐに地面に落下し、あえなくタヌキに捕まってしまいました。タヌキが食べていたのは、映像で確認できた限り、わずかな例外を除き、すべてがカブトムシでした。タヌキがカブトムシを食べるという目的のためにこの樹液場に通っているのは明らかでした。

しばらく撮影を続け、十分な数の動画が集まったので、ハシブトガラスとタヌキがどのくらいの頻度で何時ごろに樹液場に現れるかを解析してみました。すると、ハシブトガラスがやってくるのはほとんどが午前中であることが分かりました。カブトムシは一般的には夜行性ですが、朝から昼まで樹液場に居残ることがあります。ハシブトガラスはそのような個体を狙いに樹液場を訪れると考えられます。一方タヌキは夜間にのみ確認されました。しかも、訪問のうちの6割が、深夜0~2時に集中していました。樹液場でカブトムシの個体数が最も多い時間帯であり、タヌキもやはり、そのタイミングを見計らって樹液場にやってきているようです。どちらの捕食者も、カブトムシの発生に合わせるかのように、夏が終わると樹液場にあまり姿を現さなくなりました。

夏の間にそれぞれの捕食者が1本のクヌギの木に訪れる1日当たりの頻度は、ハシブトガラスが約1・2回、タヌキが約0・6回でした（Kojima et al. 2014）。タヌキはカラスに比べて樹液場を訪れる頻度は少ないのですが、カブトムシの個体数が1日で最も多い時間帯に現れるため、カブトムシにとってはより大きな脅威となりそうです。

その後、東京都内のいくつかの場所でも捕食者の調査を行いました。その結果、都会の中の公園から自然豊かな里山まで、どんな場所でもタヌキとハシブトガラスがカブトムシを食べる様子が撮影されました。皆さんご存じの通り、カラスはほぼ日本全国どこにでも住んでいます。一方、私たちは普段の生活の中でタヌキを目にする機会はあまり多くありません。しかし、タヌキもじつは私たちの身近にたくさんいる動物の一つです。東京の大都会、たとえば渋谷や新宿などにも生息しています。タヌキは完全に夜行性であり、警戒心も強く、私たちの目に触れる機会が少ないだけなのです。カブトムシが住むような緑地には、必ずと言ってよいほどタヌキが住んでいます。多くの地域では、カラスと並び、タヌキもカブトムシの重要な捕食者といって間違いないでしょう。これまでタヌキがカブトムシの捕食者として認知されていなかったのは、警戒心の強さに加え、夜行性であるという生態のためだと思われます。

タヌキとハシブトガラス以外にも、カブトムシを食べる動物が確認されました。それはノネコとハクビシンです。特にノネコは、場所によってはカブトムシの大きな脅威となっていました（ただし個体差が大きく、カブトムシにまったく興味を示さない個体もいました）。また、樹液場にやってきたハクビシンは、カブトムシ以外にも、小さな昆虫を食べていました。さらに、アライグマも樹液場を訪れる様子が撮影されました。アライグマが来た時にはカブトムシがいませんでしたが、もしカブトムシを見つければ喜んで食べていたはずです。これらの哺乳類はすべて外来種で、今では全国的に見られます。とりわけ、ハクビシンやアライグマはタヌキと違って木登りの名人であり、樹液場の生態系に大きな影響を与える可能性があります。

カブトムシはおいしい？

カブトムシはなぜこれほど動物たちに人気があるのでしょうか？　その理由の一つは、カブトムシの腹部にため込まれた脂肪にあります。カブトムシは体重の20～40％を脂肪が占めています。脂肪は野生動物にとってごちそうです。カラスが公園の水場に置いてある固形石鹸《せっけん》を持ち去ってしまうというエピソードを聞いたことがある人もいるでしょう。石鹸の原料は油脂であり、カラスの大好物です。また、カブトムシはタンパク質も豊富に含んでいます。たとえば、翅の付け根にあたる中胸には飛ぶための筋肉が多く含まれています。メスであれば腹部にたっぷりと卵が詰まっています。

カブトムシが餌として優れているのは、栄養価という点だけではありません。カブトムシは動きが鈍いため、捕まえるのに苦労しません。また、毎日同じ場所（樹液場）に行けばほぼ確実に手に入れることができます。これらのことを考えると、硬い鎧さえ攻略できれば、カブトムシほど優れた餌はほかにほとんど見当たりません。

ちなみに、人にとって、カブトムシの味はすこぶる評判が悪いです。インターネット上には、いくつかの食レポが見られますが、どれもが臭くておいしくないという評価を下しています。当たり前かもしれませんが、同じ哺乳類といえども、人とタヌキでは味覚は全然違うようです。

食べられたのはどんな個体？

無事にカブトムシの天敵が特定できたので、私たちは、木の下で拾い集めたカブトムシの残骸から、どのような個体が食べられやすいか推定しようと考えました。特に私たちが注目したのはオスとメスの数の比です。地面に落ちている死体を見ていると、メスよりもオスの方が多く目についたことから、きちんと調べてみようと思ったのです。また、体の大きさについても調べることにしました。普通は、鳥や哺乳類が昆虫を食べるとき、その痕跡を残すことはほとんどありません。また、残したとしても残骸を大量に回収するのは現実的ではありません。したがって、どのような個体が食べられやすいかを昆虫で調べるのは容易ではありません。粘土や3Dプリンターなどで作った昆虫の模型を野外に置き、どういう模型がつつかれたかを調べるような実験が考えられますが、手間と時間とお金がかかります。しかし、カブトムシの場合は残骸を拾ってきて調べるだけで済みます。ただし、捕食者がどんな個体を食べるときも同じように食べ残すという前提が必要です。まずはそれを確かめるために、さまざまな大きさのオスとメスのカブトムシを捕食者に与えてみることにしました。

カブトムシをハシブトガラスに食べさせるのは意外に簡単でした。研究所内のハシブトガラスがよく群れている場所に、白いトレイに入ったカブトムシを置いておきました。カラスはすぐにそれに気づいたようです。最初はやや警戒していましたが、すぐに慣れ、カブトムシを襲い始めました。いったん警戒心を解くと、もはやお互い競うようにカブトムシに群がり、カラスどうしでカブトムシを巡ってけんかが起こることもありました。やはりカブトムシは人気の餌のようです。何度か実験を繰り返した結果、カブトムシの性別やサイズに関係なく、必ず頭部や前胸部が残されることが分かりました。

一方、タヌキにカブトムシを食べさせるには少し手を焼きました。樹液場のそばに、ひもで結んだカブトムシを置いておき、自動カメラで撮影した映像に記録されていた捕食者と、ひもの先に残された残骸を照合するという作業を行いました。何度も試行錯誤を繰り返し、どうにか数個体分のデータを取ることができましたが、やはり、カラスの場合と同じく、性別やサイズは食べ方に影響しないことが分かりました。

この実験からは、典型的なケースに限りますが、残骸を見れば、どちらの捕食者による食痕か推定できることも分かりました。タヌキのよる食痕には、しばしば歯形と思われる痕跡が見られました。また、胸部が激しく嚙《か》み砕かれていることもありました。それに対して、カラスによる食痕には、そのような損傷が見られることはありませんでした。ただし、どちらに食べられたか判別がつかない残骸も野外には多く見られるため、それぞれの捕食者が食べた数を正確に知るのは難しいかもしれません。

私たちは、木の下から250個体分のカブトムシの残骸を拾い集めました。これはたった数本の木の下から約1か月間で集めた数です。どれほど多くの個体が捕食されているか分かると思います。また、どのような個体が食べられたかを知るためには、比較する対象として、同じ場所で採集された生きたカブトムシが必要になります。森林総合研究所の虫捕り名人である槙原寛さんの協力のもと、バナナを使ったトラップにより、325個体のカブトムシを集めました。そして、それらの個体の体の大きさや角の長さをノギスで計測しました。

大型の個体は食べられやすい

さっそく結果について説明します。まず性比についてですが、トラップで採集した個体には、オスとメスがほぼ1：1の割合で含まれていました。一方、残骸の性別を調べると、オスが64％含まれていました。この数字はトラップで採集された集団のオスの比率と比べ、統計的に見ても意味のある違いであることが分かりました。予想していたとおり、メスよりもオスの方が食べられやすかったのです。体の大きさについては、残骸のもののほうが、トラップで採集した個体よりも大きいということが分かりました。これはオスにもメスにも当てはまりました。つまり、性別問わず大きい個体の方が食べられやすいということです。以前に岐阜県で同様の手法で行われた研究でも、サイズが大きい個体の方が捕食されやすいことが分かっており（Setsuda et al. 1999）、このようなパターンはさまざまな場所で共通して見られる可能性があります。

カブトムシは、オスもメスも体の大きい個体ほど繁殖する上では有利であることが知られています。しかし、捕食者を回避するという点では、大きい個体ほど不利になることが今回の研究から分かりました。小さいからといって、損をしてばかりというわけではないのです。

なぜ、メスよりもオスの方が、また、体の小さい個体よりも大きい個体の方が食べられやすいのでしょうか？　三つの可能性が考えられます。

まず、樹液場に留《とど》まる時間の違いが、捕食圧の違いにつながるかもしれません。樹液場で餌を食べている間にカブトムシは天敵に襲われるため、樹液場に留まる時間が長ければ、そのぶん、捕食される機会も増加します。しかし、性別や体の大きさによって樹液場への滞在時間が異なるかは、今のところ分かっていません。

二つ目の可能性として、天敵が特定の個体を選んで食べているということが考えられます。たとえば、メスよりもオスの方がおいしいとか、小さい個体よりも大きい個体のほうが食べ応えがあるから好まれるというようなことがあるかもしれません。しかし、わざわざカブトムシを食べに樹液場までやってきた天敵が、小さいから、あるいはおいしくないからという理由で、選《よ》り好みをするでしょうか。小さい個体であっても、カブトムシは他の昆虫と比べて体が大きく、これを見逃す理由はありません。また、一般的に昆虫は、栄養たっぷりの卵を持つメスの方がオスよりも餌としての価値が高く、天敵がメスではなくオスの方を選り好むとは思えません。撮影された動画からも、タヌキやカラスは目についたカブトムシを手当たり次第に食べているように見えました。

三つ目の仮説は、天敵に対する目立ちやすさが、性別や体の大きさによって異なるというものです。たしかに角を持つオスの方がメスよりも天敵に目立ちやすいかもしれません。また、メスや小さいオスはしばしば樹皮の隙間や樹洞に潜り込むことがあり、そうなると、カラスもタヌキも手出しできないでしょう。一方、大きなオスは長い角が邪魔になるので、そのような隙間に隠れることができず、捕食されやすいかもしれません。この三つ目の仮説が有力だと想像していますが、検証するためにはさらなる調査が必要です。

高い捕食圧

カブトムシがどれほど天敵からの脅威にさらされているかがわかるエピソードを最後に紹介します。私たちは、２０２２年の夏、あるテレビ番組の協力のもと、学生と一緒にカブトムシに発信機をつけ、その行動を追跡しようとしていました。フィールドは、私が学生時代にまさに捕食者の研究をしていたつくばの森林総合研究所です。夜間に樹液場でカブトムシを捕まえ、胸部の角に発信機をくくりつけました。そして再び樹液場へ放し、翌朝以降に受信機を使いながら昼間のねぐらを特定したり、どのように移動するかを調べたりする予定でした。

準備万端で臨んだ実験でしたが、いざ始めてみると思わぬ障壁にぶつかりました。それは、発信機を取り付けたカブトムシが高確率で捕食されてしまうということです。取り付けた翌朝には発信機のついた頭部や胸部が無惨に転がっていることがよくありました。幸い、発信機自体は頑丈であり、壊されることはほとんどありませんでしたが、なかなか計画通りに実験が進まず、大変苦労しました。発信機が取り付けられた個体はかなり目立つので、通常よりもさらに狙われやすかった可能性はありますが、カブトムシへの捕食圧の高さに驚かされました。

ところで、関東地方では、林床に散らばるカブトムシの残骸は、夏の風物詩と呼べるほどありふれた光景ですが、全国的な現象とは言えないかもしれません。たとえば屋久島では、カブトムシが集まるシマサルスベリの林内には、カブトムシの残骸はほとんど落ちていません。実際に、屋久島ではハシブトガラスをそれほど頻繁には見かけません。また、タヌキは屋久島では移入種として定着しているものの、カブトムシの調査地で見たことはありません。屋久島のカブトムシは捕食圧をそれほど受けていない可能性があります。さらに、2016年の夏に、台湾北部から南部にかけて、カブトムシが数多く生息するシマトネリコの林で長期間にわたり調査を行いましたが、カブトムシが食べられた痕跡を見ることはめったにありませんでした。台湾でもカブトムシの捕食圧が低いと考えられます。このような、地域による捕食圧の違いが、カブトムシの生態や進化にどのような影響を及ぼすのか、生態学的にとても興味深い研究テーマであり、現在調査を進めています。

コラム　タヌキが捕まえたのは？

タヌキが樹液場で食べているのはほとんどがカブトムシであると書きましたが、

唯一ともいえる例外があります。

　ある日、森林総合研究所の樹液場で撮影した映像をチェックしていると、夜に樹液場にやってきたタヌキが、樹皮のめくれの下をしきりに気にしている様子が見られました。タヌキはそこに顔を突っ込んで、何かを必死に取り出そうとしているようです。樹皮の下では昆虫にしては大きな生き物が見え隠れしており、タヌキからの攻撃に必死に抵抗しているようでした。しばらくすると、タヌキが勝利したようで、一瞬の隙をついて細長いひものようなものを引っ張り出し、どこかへ持ち去りました。映像にそのひものような物体が映ったのは、おそらく1秒にも満たないほど一瞬で、映像も鮮明ではありません。コマ送りしながら何度も見返しましたが、候補となる動物がなかなか思い浮かびません。ヘビかとも思いましたが、違和感があります。そもそもヘビが樹皮の隙間に入り込むとは思えません。

　困り果てて、研究所内のいろいろな方に見てもらったところ、〝ネズミではないか〟という説が浮上しました。そう言われると、確かにネズミのように見えてきます。しかしネズミが樹液場に来ることなどあるのでしょうか？　文献を調べたところ、ネズミの中には、おそらく昆虫などを食べに樹液場にやってくるものがいるということが分かりました。やはりタヌキが捕まえたのはネズミの1種だったのでしょう。このタヌキは、いつものようにカブトムシを食べに樹液場にやってきたところ、幸運にも予想外のごちそうにありつけたというところでしょうか。樹液場での生物間のつながりの面白さを実感するような発見でした。

第5章　活動時間をめぐる謎

小学生による大発見

私が専門とする生態学という学問の魅力の一つは、年齢やプロ・アマチュア関係なく、誰にでも大発見のチャンスが転がっているという点でしょう。もちろん、相談できる専門家が周りにいる、学術論文などの文献にアクセスしやすい、実験設備に恵まれているなどの点ではプロの研究者のほうが有利な点もあります。しかし、すべての研究が、特殊な研究機材や知識を必要とするわけではありません。たとえば、ある生き物の生態を解明したり、ある地域にどんな生き物がどのくらい住んでいるかを調べたりすることも、れっきとした研究の一つです。そのような研究では、アマチュアの自然愛好家が昔から活躍してきました。研究対象といかにじっくり向き合うか、あるいは、いかに粘り強くデータを集め続けるかといった要素が生態学では重要ですが、これらに関してはプロの研究者に分があるとは言えません。むしろ、プロの研究者は研究費の申請、授業やさまざまな雑務に追われ、腰を据えて野外で調査するチャンスはほとんどなくなっています。

そんな中、2021年の春、埼玉県に住むある小学生が、カブトムシの新たな生態を論文として発表し、話題になりました。その後、彼の発見を皮切りに、研究は大きな広がりを見せています。この章では、それらの一連の研究について紹介します。

1通のメール

きっかけは2019年の8月、埼玉県に住む当時10歳の柴田亮さんからもらった1通のメールです。カブトムシを研究していると、特に夏には、面識のない多くの子どもや保護者から、カブトムシについてのさまざまな質問をメールでもらいます。柴田さんのメールもそんな中の一つでしたが、柴田さんからのメールは明らかに異彩を放ち、印象に残りました。柴田さんからの許可をいただいたので、そのままここにメールの文面を転載します。

はじめまして、こんにちは。

ぼくは埼玉県に住む柴田亮といいます。

（中略）

今年の7月25日の夕方、突然一匹のメスのカブトムシが、ぼくのうちの庭のシマトネリコという木に現れました。木の表面を削って樹液を飲んでいる様子でした。その日から今日まで、朝昼晩いつ見てもカブトムシが何匹もいます。多い時は10匹以上います。実は6年前にも全く同じことがありました。

（中略）

そこで小島先生に質問があります。

①「わたしのカブトムシ研究（注：さえら書房２０１７年）」の中に、トネリコの木には理由はよく分からないが昼間から多くのカブトムシが訪れることがある、と書いてあります。

ぼくは、シマトネリコの樹液が美味しすぎるから昼間も来ているんだと思います。先生はなぜ昼間もいるのだと思いますか？

②なぜ同じ年に植えたシマトネリコの木がすぐ近くにもあるのに、そっちにはカブ

トムシが全くいないのですか？（2本とも玄関の近くで通路の横。近くに街灯もある）
③なぜ同じ木に毎年来ないのですか？
今年、6年ぶりに来たのはなぜだと思いますか？
④今は毎日色々な時間に、オスとメスの数や様子を記録したりしています。他にどんなことを観察したら、カブトムシのことがもっと分かると思いますか？
もし答えてくれれば光栄です。写真と動画を送ります。見て下さい。
柴田亮より

まず、このメールの内容を理解するための前提知識として、シマトネリコとカブトムシの関係について説明しておきます。シマトネリコは、日本では南西諸島、海外では台湾やフィリピンなどに自生する、亜熱帯性のモクセイ科の植物です。カブトムシの集まる木として有名なクヌギはブナ科ですので、両者には全く類縁関係がありません。しかし、クヌギの自生しない沖縄や台湾では、シマトネリコはカブトムシにとって重要な餌植物の一つです。また、クヌギに集まるカブトムシは、ボクトウガなど、他の昆虫が作った傷跡から滲《し》み出す樹液を舐《な》めるのに対し（第2章）、シマトネリコは樹皮が薄いため、カブトムシ自身が大顎でガリガリと樹皮を削り、樹液を滲み出させます。沖縄を除く日本には、もともとシマトネリコは分布していませんでしたが、この20年ほどで街路樹や庭木としてあちこちに植えられるようになりました。今では住宅街や市街地の公園を散歩すれば、シマトネリコの木を簡単に見つけることができます。そして、それにともない、関東地方を中心に、シマトネリコに大集結するカブトムシが観察されるようになりました。ときには住宅街の真ん中のシマトネリコにカブトムシの大群が押し寄せ、新聞やテレビで報道されることもあります。カブトムシの群がるシマトネリコの樹皮は、カブトムシによって傷だらけになります。

柴田さんのメールに書かれていたように、シマトネリコに集まるカブトムシについてはいくつかの謎があり、私もいつかきちんと調べたいと思っていました。しかし、この現象は関東地方以外ではほとんど見られないため（おそらくカブトムシの密度が低いため）、山口県に来てから調査する機会がなく、歯がゆい思いをしていました。一つ目の謎は、カブトムシが集まるシマトネリコの株はごく限られているということです。カブトムシが高密度で生息するような場所にシマトネリコが何本も植えられていたとしても、カブトムシが集まる株はその中のほんのごく一部です。しかも、不思議なことに、毎年同じ株に集まるわけではありません。前年に大集結した株に翌年は1匹も来ないということも珍しくありません。そして、もう一つの大きな謎が、クヌギでは夜行性であるはずのカブトムシが、シマトネリコではなぜか昼間でもたくさん見られるというものです。私が以前『わたしのカブトムシ研究』という本の中で、これらの謎について書いたのですが、柴田さんが自分の庭の木でも同じことが起こっていることに気付き、私に連絡してくれたのです。

面白い着眼点

柴田さんの疑問はどれも未解決で、私には答えられないものばかりでしたが、とても面白い点に着目して観察していることが伝わってきました。とりわけ気になったのは「毎日色々な時間に、オスとメスの数や様子を記録」しているという一文です。なぜなら、昼間にもシマトネリコでカブトムシがたくさん見られるということに気付いている人は私以外にもいたと思いますが、単に経験則でしかなく、一日の中で個体数がどのように増減するかなど、詳しいことは分かっていなかったからです。たとえば、昼間にたくさんのカブトムシが集まっているところを目撃したとしても、夜に見に来ればその10倍の数のカブトムシが集まっているかもしれません。あるいは、ある日の昼間にたくさんカブトムシがいたとしても、たまたま前日の夜に大雨が降り、餌にありつけなかっただけかもしれません。柴田さんの継続的な記録があれば、これらの可能性を検討できるのではないかと思いました。

また、時間ごとの個体数の変動だけでなく、それぞれの個体の動きが分かれば、もっといろいろなことが見えてくるはずです。たとえば、昼間も夜間と同じくらいの数のカブトムシがシマトネリコの木にいたとしましょう。では、夜に見たカブトムシと昼間に見たカブトムシは同じ個体でしょうか？　それとも、カブトムシの集団の中に、夜にしか活動しない個体と昼間にしか活動しない個体が半分ずつ混じっていて、昼と夜で個体が入れ替わっているのでしょうか？　この二つは生物学的な意味合いがまったく異なりますが、時間ごとの個体数を数えるだけではこの二つの可能性を区別することはできません。そこで私は以下のようにメールを返信しました。

時間によるオスとメスの数を記録しているのですね。とても貴重なデータだと思います。ぜひ続けてください。本にも書いたように、シマトネリコには昼間でもカブトムシが見られることはよく知られていますが、きちんとデータをとって確かめた人はこれまでいないからです。

それぞれの個体に番号をつけて観察してみると、どのくらい個体が入れ替わっているのか、寿命はどのくらいなのか、どのくらいの時間餌場に留《とど》まるのかなど、新しいことが分かるかもしれません。また、性別だけでなく大きさや体重などを記録するのも面白いかもしれません。

夏休みが明けた頃、柴田さんから再びメールで連絡がありました。そこには、その年のカブトムシの個体数のデータをまとめたものが添付されていました。データを一目見て、これはすごい！　と思いました。最初にカブトムシが来てから完全にいなくなるまでの約1か月の間、一日も欠かすことなく時間ごとのデータが綿密に集められており、カブトムシの個体数が昼夜通してほとんど変化しないことがはっきりと示されていたのです。カブトムシは夜行性であるという常識を覆す大発見です。その結果は、手書きの見事な図にまとめられていました。集めたデータを1枚の図に分かりやすくまとめるという作業は、プロの研究者にとっても簡単ではなく、経験と高度なセンスが要求されます。柴田さんは、ご両親の協力もあるとはいえ、小学生ながらプロ顔負けの立派な図を作っており、その後もたびたび驚かされることになります。

データはほとんど完璧《かんぺき》に取られていましたが、強いて言うならば深夜の観察記録が少ないことが気になりました。このデータがいかに科学的に重要で面白いかということに加え、来年以降は、深夜の個体数や個体の出入りを記録すれば、さらに新しいことが分かるだろうと私は伝えました。

「自由研究」から「学術論文」へ

その翌年（2020年）の夏、またしてもカブトムシが庭のシマトネリコに集まってきていると柴田さんが教えてくれました。なんと幸運なことでしょう。カブトムシが集まるシマトネリコの木は探してもそう簡単に見つかりませんが、その上、このように2年連続して同じ株に集まるケースはさらに少ないからです。その年はそれぞれの個体に固有の印をつけて観察しているとのことで、結果を楽しみに待っていました。

夏の終わり、さっそく柴田さんが観察記録をまとめて送ってきてくれました。前の年と同じく、そのデータの質の高さに驚かされました。個体数の推移のデータは、深夜の時間帯まで網羅され、前年よりも詳細に取られていました。これにより、シマトネリコでは深夜になってもカブトムシの個体数が目立って増えるわけではないことがさらにはっきりと示されました。後で聞いたところによると、深夜はご両親に協力してもらいながら個体数を調べたそうです。個体の出入りのデータも大変興味深いものでした。シーズンを通して162個体に印をつけ、朝、昼、夜と一日3回程度観察を行ったところ、そのうちの86個体が複数回観察されました。それらの86個体に注目してみると、そのうちの70％の個体が明るい時間帯に少なくとも1度観察されていました。一方で、明るい時間帯にしか観察されなかった個体は10％程度のみであったことから、シマトネリコに飛来するのは夜間であり、大半の個体が餌場に留まったまま朝を迎えるという可能性が強まりました。24時間以上滞在した個体も複数おり、最も長いものは51時間以上滞在していることも分かりました。

最初に柴田さんのデータを見たときから、この研究は、単なる〝小学校の自由研究〟として留《とど》めておくにはもったいないと感じていました。柴田さんの自由研究はいくつかのコンクールで入賞を果たしたものの、このままではほとんど誰の目にも触れずに終わってしまいます。それは科学界にとって損失だと思いました。2シーズンにわたる重厚なデータを前にしたとき、学術論文として世の中に発表しなければという使命感のようなものにかられました。

ここで説明しておくと、学術論文というのは、科学雑誌に投稿されると、数名の専門家（たいていの場合匿名）により、実験方法や結果の解釈などに問題がないかを審査されます。ここで大きな問題を指摘された場合は、雑誌への掲載を拒否されます。そうでない場合も大きな修正を求められることがほとんどですが、それを無事にクリアすると、雑誌に掲載され、科学的な知識として蓄積されることになります。修正のプロセスでは、

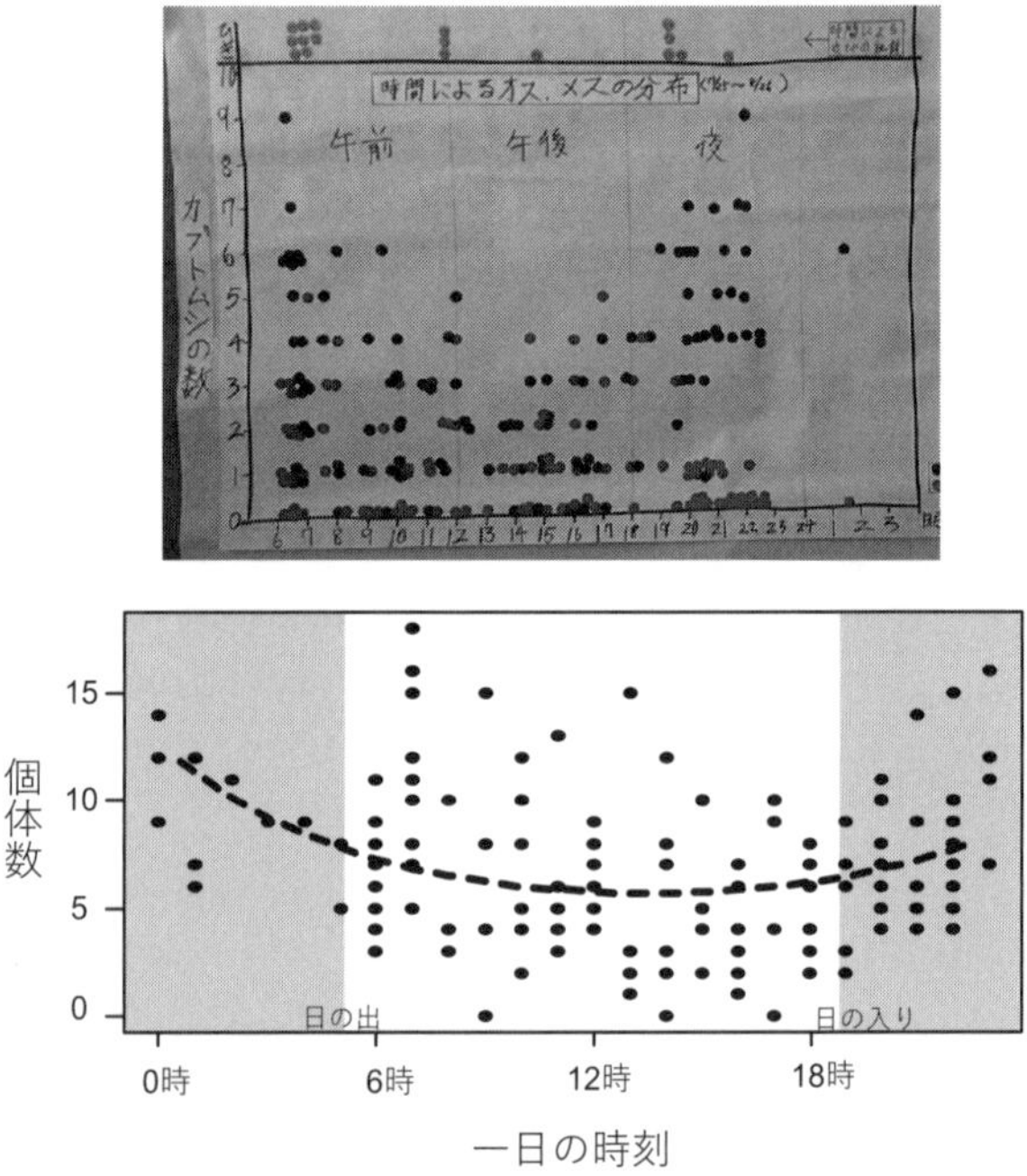

図5-1　シマトネリコの木におけるカブトムシの個体数の変動。上は柴田さんの書いたオリジナルの図。日中も夜間に比べてそれほど個体数が減少しないことが分かる。下は２年間のデータに近似曲線を書き入れたものである。

実験のやり直しや本文全体の書き直しを要求されることも珍しくなく、修正の作業は、おそらく多くの研究者にとって、心が折れそうになるほど辛《つら》いものです。しかし、審査員は著者が見落としていた重要な点を指摘し、論文の質を向上させてくれることもしばしばあります。世に出ている論文の内容がすべて正しいというわけではありませんが、専門家による審査というプロセスがあるため、雑誌に掲載される学術論文は、一定の科学的な妥当性が担保されていると言えます。

柴田さんの研究は、当初は日本語の論文として発表することも考えていました。しかし、他の昆虫での過去の研究について調べていくうちに、利用する植物の種類によって活動時間が変わるという現象はまったくといってよいほど知られていないことが分かりました。今回の柴田さんの研究は、単にカブトムシの新たな生態を解明しただけでなく、〝昆虫の活動時間がどのように決まるか〟という、もっと普遍的な問いにも答えうるものです。日本語で書かれた論文は限られた人しか読むことができません。この発見は世界中の人に知ってもらうべきだと思うようになり、英語の論文として発表することを決めました。

2020年の11月頃に、柴田さんからもらった2年分のデータを整理し、原稿を書き上げました。データはすでに柴田さんがまとめてくれていたので、図を描いたり統計的な解析をしたりするのに時間はかかりませんでした。また、自由研究に書かれている文章の完成度が高かったので、それをそのまま英語に直すだけでよく、新たに文章を作る必要はほとんどありませんでした。翌年の1月、アメリカ生態学会が出版する生態学の専門誌に投稿しました。いつものことですが、審査結果が返ってくるまでは気が落ち着きません。このときもデータの質や内容の面白さには自信がありましたが、完璧だと思って送り出した原稿に潜む思わぬ欠陥を審査員から指摘されることは日常茶飯事なので、どう評価してもらえるかは不安でした。

原稿を投稿してから1か月ほどで審査結果が返ってきました。2名の審査員からコメントをもらったのですが、嬉《うれ》しいことに、2名とも論文の内容をとても高く評価してくれ、ほんのわずかな修正だけで済みそうでした。特に1名からは〝If a single person took all observations, their dedication to this project is very impressive!（もし一人の人間がすべての観察をしたなら、このプロジェクトに対するその人の貢献はとても素晴らしい！）〟という絶賛のコメントをもらいました。指摘されたいくつかの点を修正してすぐに再投稿したところ、間もなく論文は正式に受理されました（Shibata & Kojima 2021）。これほどまでにスムーズに論文が受理されることはそう多くありません。ひとえに内容の新規性とデータの質の高さのおかげだと思います。

You are never too young to be an ecologist

論文が出版されるタイミングで、私の所属する山口大学からプレスリリースを行いました。面白い成果なので、カブトムシ好きの多くの人にこの成果を知ってもらいたいと思ったからです。結果的に多くのメディアに取材していただくことができ、Twitterなどのｓｎｓの力もあり、想定をはるかに超えるたくさんの反響がありました。研究内容そのものの面白さに加え、やはり、それを小学生が行ったということのインパクトが大きかったのだと思います。国外からの取材もいくつか受けることができました。海外にはそもそも〝夏休みの自由研究〟という文化がほとんどないため、その点も新鮮だったようです。論文が掲載された雑誌のTwitterには、目を輝かせながらカブトムシを観察する柴田さんの写真とともに、〝You are never too young to be an ecologist（生態学者になるには若すぎることはない）〟という気の利いた一文が添えられていました。私もまさしくそのとおりだと思います。

柴田さんの研究では、庭の木にいるカブトムシをひたすら数えるという地道な作業が、今までの常識に反する新しい現象の発見につながりました。研究というのは、何か明確な仮説や目的をもって始めなければいけないと考えている人もいるでしょう。大学で卒業研究を始めるときも、まず仮説を立てるようにと先生から指導されることがよくあります。確かに目的意識を持つことで、どのようなデータを集めればよいのかが明らかになり、実験の方針も立てやすくなります。

しかし、研究を始める上で、明確な仮説や目的は必須とは言えません。たとえば、ひたすら数えてみたり、ひたすら大きさを測ってみたりといった、いわばコレクター的な動機付けから研究が始まることも実際にはよくあります。おそらく柴田さんも、カブトムシが昼間も活動することを証明するという目的をもってカブトムシを数え始めたわけではないと思います。このような研究を〝探索的な研究〟、あるいは〝発見的な研究〟

と呼ぶことがあります。じつは、どんなに高度に見える仮説検証型の研究も、もとを辿《たど》れば、地道な調査から偶然見つけた現象を発展させたものです。探索的な研究をするためには教科書や専門書の知識は必要ありません（ただし、あるに越したことはありませんん）。大事なのは情熱と好奇心です。柴田さんの研究は、そのことをあらためて私たちに教えてくれました。

なぜ昼まで居残るのか

論文を出しても研究が終わるわけではありません。柴田さんが論文で示したのは、〝餌の種類によってカブトムシの活動時間が変わる〟という事実だけで、なぜそうなるのか、という核心の部分は依然として謎のままです。昼間も餌場に留まることは、カブトムシにとって大きなリスクが伴います。柴田さんの庭では、カラスが昼間にカブトムシを食べに何度もやってきたそうです。黒くて大きな体をもつカブトムシは、暗闇には紛れますが、昼間はとても目立ってしまいます。そのようなリスクを冒してまで昼間も餌場に留まり続けるのには、よほどの事情があるはずです。２０２１年の夏、私たちはこの謎に迫るべく、新しい実験を始めることにしました。

シマトネリコにカブトムシが昼間も留まる理由として、おもに二つが考えられます。一つ目は、カブトムシにとって離れがたいほどの魅力的な成分がシマトネリコの樹液に含まれているという可能性です。二つ目は、シマトネリコの樹液は栄養価が低い、あるいは滲み出す樹液の量が少ないなどの理由で、採餌を続けてもなかなか満腹にならないという可能性です。

ここで思い出したのが、シマトネリコでの樹液の滲みだし方です。私はかつて、樹液の成分を調べるためにシマトネリコの樹液を採取しようと試みたことがあります。ところが、浅い傷をつけたくらいでは、シマトネリコからはにじむ程度にしか樹液が出なかったのです。結局、十分な量の樹液が採れず、成分の分析を断念せざるを得ませんでした。柴田さんが庭の木で試したところ、彫刻刀で幹に深く傷をつけた時にはかなりの量の樹液が流れ出たそうですが、実際のカブトムシは樹皮の表層を浅く削ることしかできません。一方、私がクヌギの木の樹液酒場で樹液の採取を試みた時には、瞬く間に大さじ1杯ほどの樹液を得ることができました。さらに、柴田さんは、昆虫ゼリーを十分に与えて飼育しているカブトムシは、本来のように夜におもに活動することに気付きました。これらのことを踏まえると、シマトネリコでは十分な量の樹液が得られないから昼間も餌場に留まるという可能性が有力に思われました。では、どのようにすればこの仮説を検証できるでしょうか？

シマトネリコでは物足りない？

私たちが考えたのは次のような方法です。まず、カブトムシを室内で数日間餌を与えずに飼育し、空腹状態にします。体重は日に日に減っていきます。そのようにして空腹になったカブトムシの体重を計測し、木に戻します。彼らは喜んで樹液を食べ始めるでしょう。1時間食事をさせ、その後もう一度体重を測ります。たくさんの餌を食べられれば、体重はこの間に大きく増加するはずです。一方、餌を十分食べられなければ、体重はほとんど変化しない、あるいは排泄《はいせつ》などにより減少すると考えられます。この実験をクヌギとシマトネリコで行い、クヌギに比べてシマトネリコでは体重が増えにくいことを示すことができれば、さきほどの仮説は支持されたといえます。シマトネリコでのデータは柴田さんが庭の木で取ることになりましたが、柴田さんの家の周りには樹液を出すクヌギの木がないとのことなので、クヌギでのデータは私が山口で取ることにしました。幸い、山口大学の近くの山には、クヌギの巨大な樹液酒場が数か所ありました。

クヌギでの実験は以下のようにして行いました。夕方になるのを待ち、おなかをすかせたカブトムシを車に乗せてクヌギの樹液場へ向かいます。先に来ていたカナブンやクワガタムシたちには、申し訳ないですが立ち退いてもらいます。これらの先住者にちょっかいをかけられたりして、カブトムシの採餌行動が妨げられる可能性があるからです。そして、連れてきたカブトムシの体重を測り、樹液場へ止まらせます。やがてカブトムシは動き出し、餌を探し始めます。彼らは、樹皮のめくれの下の適当な場所を触角で探りながら歩き回りますが、お気に入りのポイントを見つけ出すと、しばらくの間ほとんど動くことなく、一心不乱に樹液を舐め続けます。カブトムシが採餌している間、予期せぬトラブルに対処できるよう、私は木のそばで様子を見守りました。ときには野生のカブトムシ、ノコギリクワガタやミヤマクワガタが大きな音を立てて飛んでくることもありました。

カブトムシが落ち着いて採餌を始めてから1時間経《た》ったら、カブトムシを回収してすぐさま体重を測ります。すると、うまく採餌できたであろう個体では、0・5g以上も体重が増えていました。これは体重の約10%に相当します。結果にはばらつきが大きく、ほとんど体重が増えていない個体も混じっていましたが、そういう個体は、落ち着かずに何度も餌場を変えた個体であることがほとんどでした。おそらく、樹液がたくさん出るポイントを見つけることができなかったのだと思います。体重が減少した個体も少数いましたが、実験中に排泄をしたためでしょう。夏の間、この樹液場に通い、最終的に26個体からデータを集めました。平均すると体重は0・17g増えていました。

柴田さんが行っているシマトネリコでの実験は、木に止まらせても採餌する個体が少なく、最初は少し難航したそうです。それでも柴田さんは条件を変えながら粘り強く実験を続け、20個体分のデータを集めました。結果はクヌギでのものとは対照的でした。体重の増加が見られなかったり、あるいは体重が減少したりすることが多く、最も大きく体重が増えた個体でも0・24gの増加に留まりました。平均すると1時間で0・04g減少したことが分かりました。やはりシマトネリコでは十分な量の餌を採れていなかったのです。ただし、樹液の成分をまだ調べていないので、今後は樹液の糖度などを樹種間で比べる必要があるでしょう。

さらなる調査

今回のクヌギとシマトネリコでの実験結果は、〝シマトネリコではなかなか満腹にならないから昼間まで居残る〟という仮説を支持しています。さらに同じ年の夏、この仮説を支持するデータが別の樹種からも得られました。カブトムシはシマトネリコやクヌギ以外の木にも集まります。たとえば屋久島に生息するカブトムシは、シマサルスベリという木に集まります。庭や学校などによく植えられているサルスベリの近縁種で、日本では屋久島より南に自生します。シマトネリコのときと同じように、カブトムシはシマサルスベリの樹皮を削り、滲みだした樹液を食べます（面白いことに、カブトムシはただのサルスベリには興味を示しません）。以前屋久島で調査しているときに、カブトムシによってつけられたシマサルスベリの傷跡から、大量の甘い樹液が泡のように噴き出していたことをふと思い出しました。そのときは時間ごとの個体数の推移を記録していませんでしたが、シマサルスベリで採餌するカブトムシは短時間で十分な量の樹液を得られる可能性が高く、そうであれば、昼間も餌場に留まる理由はなさそうです。このことを確かめることにしました。

残念ながら私はこの年は東北地方での調査があり、屋久島へは行けなかったのですが、神田旭さん、上野貴弘さん、山下波父さんの3名の学生が屋久島で調査してくれることになりました。彼らは交代制で1時間ごとに、27本のシマサルスベリにいるカブトムシを数日間にわたり数えました。すると、夜に見られたたくさんのカブトムシたちは、明け方になると数を減らし、昼間には夜間のピーク時に比べると1割から2割程度の個体しか残っていないことが分かりました。やはり、シマサルスベリで採餌するカブトムシは、クヌギの時と同じようにほとんど夜にしか活動していないのです。

その翌年（2022年）の夏には、神田さんが、シマサルスベリにおけるカブトムシの採餌速度を調べました。方法は、柴田さんや私と同じように、空腹の個体を1時間採餌させ、体重の変化を調べるというものです。その結果、予想通り、クヌギとほぼ同程度体重が増加することが分かりました。シマサルスベリは採餌効率の良い樹種であると

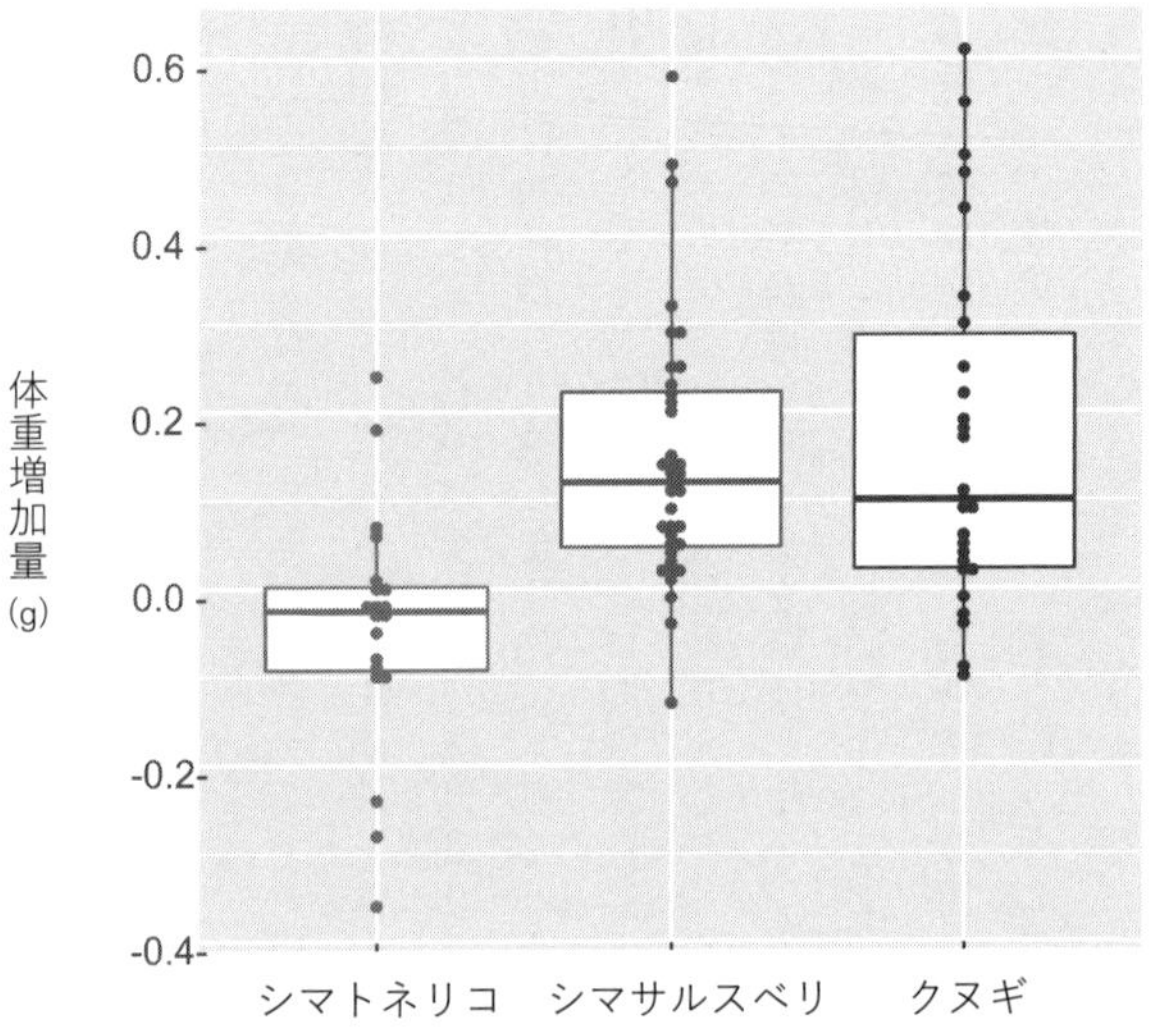

図5-2　クヌギ、シマトネリコ、シマサルスベリにおけるカブトムシの採餌速度。シマトネリコでは他の樹種に比べて採餌速度が小さいことが分かる。

考えられます。私たちは、この結果を前にして、樹種間での活動時間の違いをうまく説明できたことにとても興奮していました。しかしそのわずか10日後に、自然はそれほど単純ではないと思い知らされることになります。

オオスズメバチとカブトムシ

2022年のお盆休み、私は山口県の山間部にあるクヌギ林で、カブトムシの観察を夜通し行っていました。この林には樹液を出す木が10本程度あり、深夜のピーク時には林全体で50匹ほどのカブトムシが見られました。お盆と言えば、ほとんどの地域でカブトムシの発生は終わっているはずですが、この林は標高200mほどの山間部に位置し、気温が低いためか、お盆に入ってもピーク時と遜色ないほど多くのカブトムシが見られました。このときの調査内容は、カブトムシのフェロモン散布行動についてです。カブトムシのオスは採餌中に腹部の末端からフェロモンと思われる物質を分泌し、後脚を使って撒《ま》き散らします。この行動は採餌中であれば常に見られるわけではなく、ある決まった時刻に一斉に始まります。その正確な時間を調べるために、18時から翌朝まで1時間ごとに林を巡回し、個体数や行動を記録していました。狭い林なので、ゆっくり回っても30分ほどですべての木をチェックし終えることができます。

5時の巡回の最中、〝事件〟は起こりました。この時間は、ほんのりと空が明るんできてはいますが、ほとんど真っ暗で、たくさんのカブトムシがまだ樹液場に群がっています。懐中電灯を使いながらカブトムシを数えていると、そこに1匹のオオスズメバチが飛んできました。何が起こるだろうかと、ハチを刺激しないように少し離れた場所から見守っていると、オオスズメバチは樹液場へ降りるやいなや、カブトムシを激しく攻

図5-3　オオスズメバチに脚を噛みつかれたカブトムシ。

撃し始めました。スズメバチの仲間がカブトムシにちょっかいをかけるのはこれまでも何度も見てきたので、ここまでは想定内でした。通常は、両者が出会うと、ときどき小競り合いを起こしつつも、お互いある程度の距離をとりつつそれほど干渉することなく、双方が樹液場に留まります。しかし、このときは明らかに様子が違っていました。オオスズメバチは執拗《しつよう》にカブトムシの脚に噛《か》みつき、次々とカブトムシを樹液場から放り投げていったのです。初めて見る光景に、慌ててスマートフォンの動画機能で撮影を始めました。すぐに他のオオスズメバチも何匹か集まってきて、ときには協力し合いながら、手際よくカブトムシを投げ落としていきました。また、オオスズメバチは、木を下りて逃げるカブトムシを地面まで追いかけ、その場から完全にいなくなるまで攻撃を加え続けることもありました。木から落とされても懲りずに這《は》い登ってくるカブトムシもいましたが、すぐに再度オオスズメバチによって投げ落とされました。オオスズメバチの攻撃はあくまでも大顎で噛みつくことによるもので、毒針を使うことはありませんでした。

そうこうしている間に、気付くとカブトムシの姿はすっかり消え、樹液場は5匹ほどのオオスズメバチに占領されてしまいました。じつはこの前の日にも同じ林でカブトムシの調査を行っていたのですが、5時の見回りの時にはあちこちの樹液場にたくさんいたカブトムシが、6時の見回りの時にはほとんど姿を消し、かわりにオオスズメバチが群がっていたのに気づいていました。おそらくこの林では、毎日のように、同じことが繰り返されているのでしょう。

翌日は、鮮明な映像を撮影するべく、5時前から一眼レフカメラを樹液場のそばにセットし、待ち構えていました。狙いどおり、5時過ぎにオオスズメバチが飛んできて、カブトムシを投げ落としていきました。このときもたった4分間で、10匹ほどいたカブトムシは完全に樹液場から姿を消しました。また、この日の19時頃にも、早めに樹液場に飛んで来たカブトムシが、その直後にオオスズメバチによって投げ落とされるのを目撃しました。オオスズメバチとカブトムシが出会うと常にオオスズメバチが勝利し、少なくともこの林では、カブトムシの活動がオオスズメバチによって制限されているのは明らかでした。

オオスズメバチを排除する

次の私の疑問は、〝オオスズメバチによる攻撃を受けなかったらカブトムシの活動時間帯は変化するのか〟ということです。ここはクヌギの林です。そのため、先ほどの仮説に基づくと、オオスズメバチによる影響がなかったとしても、日が昇るころにはカブトムシは満腹になってねぐらへ帰っていったかもしれません。これを確かめるには、オオスズメバチを排除する実験を行う必要があります。オオスズメバチを排除するための最もシンプルな方法は、樹液場にやってきたオオスズメバチを捕虫網などで捕獲していくというものです。この方法は、オオスズメバチが樹液場にいる他の昆虫に与える影響を調査する際に、かつて実際に行われていました（Yoshimoto & Nishida 2009）。しかし、言うまでもなく大きな危険が伴います。餌に夢中のオオスズメバチはそれほど攻撃性が高くありませんが、それでも、自分たちの餌場を守るために、近づいてきた人を刺すことがあるからです。

　もっと安全な方法はないでしょうか？　何年か前の昆虫関係の研究会で、スズメバチ除《よ》けのスプレーを開発した研究者の話を聞いたことがあり、それをふいに思い出しました。このスプレーは〝スズメバチサラバ〟という商品名で市販されており、高知大学発のベンチャー企業によって開発されました。このスプレーに含まれる化学物質は、スズメバチ類の行動を一時的に無力化するはたらきがあります（この化学物質が発見された経緯も大変面白いのですが、ここでは割愛します）。遠距離からこの物質を浴びせた場合は、スズメバチはどこかへ逃げていきます。近距離から浴びせた時も、飛べなくなりその場に落下しますが、死ぬことはほとんどなく、しばらくすると、何事もなかったかのように飛び去ります。そして、驚くべきことにこの物質はスズメバチ類以外の昆虫にはほとんど効きません。たとえば、同じハチでもミツバチには効きません。そのため、養蜂家は、ミツバチの巣箱を襲撃するスズメバチを追い払うためにこのスプレーを愛用しているそうです。また、この物質はすぐに分解されるため、環境への負荷もほとんどありません。そもそもこの物質自体が、花の香りの成分の一つであり、有害なものではありません。私の実験でも、このスプレーを使えば、カブトムシの行動に影響を与えずに、かつ比較的（少なくとも捕虫網を使うよりは）安全にスズメバチを排除できるのではないかと考えました。

早速このスプレーを入手しようと大手通販サイトにアクセスしましたが、お盆ということもあり、到着まで数日かかると表示されてしまいました。しかし、すでにこの時点で8月中旬となっており、いつカブトムシが減っていってもおかしくない時期です。すぐにでも実験したかったので、やむなく、北九州のアウトドア用品店まで買いに行くことになりました。高速代（往復で約6000円）の方がスプレーそのもの（約1500円）よりもずっと高くついてしまいましたが、念願かないスプレーを入手しました。あとは実験するだけです。高揚した気分で夜のフィールドへ向かいました。

暗いうちから、カブトムシが集まる樹液場のそばで待っていると、いつも通り、5時過ぎに最初のオオスズメバチがやってきました。ハチに向かってシュッとスプレーを噴きかけると、ハチはそこへ来た目的を忘れたかのようにUターンして森の奥へ消えてゆきました。やはりこのスプレーの効果はてきめんです。カブトムシにスプレーの影響はないはずですが、念のため、樹液場にスプレーがかからないよう、細心の注意を払いました。近くに巣があるのか、1匹を追い払ってもオオスズメバチは次々と樹液場に飛んできますが、そのたびにスプレーを浴びせました。やがて夜が完全に明け、日も高く昇ってきました。一部のカブトムシは樹液場から飛んで、茂みの中へ消えてゆきました。また、梢《こずえ》の方に歩いて登って姿を消す個体もいました。しかし、面白いことに、大部分の個体は相変わらず樹液場で餌を食べ続けています。正午まで実験を続けましたが、最初に樹液場にいたカブトムシのうちの半数以上が、実験終了時にも樹液場に留まっていました。次の日も同じ実験を行いましたが、同様の結果になりました。つまり、少なくともこの林では、朝にカブトムシの姿が消えるのは、満腹になって飛び去ったからというよりも、オオスズメバチによって力ずくで排除されていたからなのです。

普段、夏の野外調査で得られたデータは、翌年の春休み頃に論文としてまとめるのが習慣になっています。春休みは学生の指導も一段落し、講義もないため、落ち着いてデスクワークができるからです。しかし、このときばかりは、興奮冷めやらぬうちに一刻も早く論文を書き上げたいという気持ちが強く、3日ほどで短い論文を書き上げ、8月のうちに投稿しました。運よくとんとん拍子で審査が進み、10月に発表することができました（Kojima 2022）。

法則はシンプルだとは限らない

世界的に見ると、カブトムシの分布地のほぼ全域にオオスズメバチも分布していることから、オオスズメバチによるカブトムシの排除行動はいろいろな場所で起きているかもしれません。しかし、この現象は明け方のほんの数分間のうちに終わってしまうため、これまで見落とされてきた可能性があります。

一方で、私の調査地では、この現象が起きるための条件が他の地域に比べ揃《そろ》っていた可能性もあります。たとえば、オオスズメバチは一般的に夏の終わりから秋にかけて個体数が増加し、攻撃的になっていきます。私の調査地では先述したように他の地域に比べてカブトムシの発生時期が遅く、夏の終わりまでカブトムシの発生のピークが続きました。その結果、カブトムシは餌場で多くのオオスズメバチと出会うことになったと考えられます。また、この林ではカブトムシの生息密度が非常に高く、夜には狭い樹液場に10匹を超えるカブトムシが群がり、押し合いへし合いになっている様子が観察されました。このような状況では、多くのカブトムシが満足に餌を食べられないまま朝を迎えることになるでしょう。さらに、この林にある樹液場は、そもそもオオスズメバチが作り出したものかもしれません。オオスズメバチは集団でクヌギの樹皮を削り、樹液場を作り出すことがあります。この林では、8月に入ってから突如としていくつもの樹液場が現れました。ボクトウガの幼虫が作り出す樹液場は通常このようなことにはなりません。そもそもこの林でボクトウガの幼虫を見たことがありません。もし、これらの樹液場がオオスズメバチによって作り出されたものであるならば、オオスズメバチがカブトムシに対してあれほど激しい敵意を向けたのにも納得がいきます。

以上の観察や実験から、〝クヌギではすぐに満腹になるからカブトムシは夜行性である〟という仮説はつねに正しいわけではないということが分かりました。クヌギの木でも、なんらかの事情で夜の間に十分な餌が得られないことがあるはずです。そのような場合は夜が明けても餌を食べ続けようとすると考えられます。しかし、実際にそれが実現できるのは、オオスズメバチがいない状況に限られます。

ちなみに、シマトネリコでは、カブトムシが樹皮を削って作り出した樹液場にスズメバチ類がやってくることがありますが、カブトムシをそれほど執拗に攻撃するのは見たことがありません。シマトネリコで日中でもカブトムシが餌を食べ続けられる理由の一つは、スズメバチによる攻撃を受けにくいからかもしれません。シマトネリコにくるスズメバチがおとなしいのは、シマトネリコに存在する樹液場が、スズメバチによって作り出されたものではないことで説明できると考えられます。また、1本のシマトネリコにはたいてい多数の餌場が存在し、スズメバチはカブトムシを追い出すことにエネルギーを割く必要はないのかもしれません。

私たちは、いくつかの複雑な現象を目にしたとき、それらに共通する要素を抽出し、一般性のあるシンプルな法則を導こうとします。これは、人を含めた多くの動物が進化の中で獲得してきた、生きるうえで必要な能力です。また、一般則を導くことは科学という営みの重要な要素の一つであり、一般性の高い結果ほど高く評価される傾向があります。しかし、自然界のすべての現象がシンプルな法則のみで支配されているとは限りません。今回のケースでは、研究を進めるうちに、カブトムシの活動時間が、利用する樹種だけではなく、他の要因によっても影響を受けることが明らかになりました。自然は私たちが想像する以上に複雑で、一筋縄で理解できるものではありません。そのことをあらためて痛感するような発見でした。

コラム　屋久島での大発見

シマサルスベリやシマトネリコなど、カブトムシが削った箇所には昼夜問わずいろいろな昆虫が集まってきます。屋久島で学生たちとシマサルスベリに集まるカブトムシを夜間に観察していたところ、学生の一人である神田さんが、「見たことのないガがいる！」と教えてくれました。慌てて駆けつけると、後翅《こうし》に鮮やかな赤紫色の斑をもつ巨大なガが、カブトムシが削った跡から滲みだす樹液を一心不乱に舐

図5-4　シマサルスベリの樹液を吸うベニモンコノハ。

めています。あまりの美しさに息をのみました。

目の前にいるガの仲間は、シタバガ亜科であることは一見して明らかでしたが、種名がまったく分かりません。この場所ではそれまで数種のシタバガ亜科を見ましたが、いずれにも該当しません。かなり特徴的な外見をしているので、すぐに分かるだろうと、二人でスマートフォンを手に名前を調べはじめましたが、なかなかヒットしません。紆余曲折《うよきょくせつ》を経てようやく〝ベニモンコノハ〟という名前にたどり着きました。

なんと、国内では極めて記録の少ない珍種だったのです。そのため、日本語の情報が簡単に出てこなかったのでしょう。本来は東南アジアに分布する種ですが、稀《まれ》に南西諸島などに迷い込んでくることがあるようです。

この記録は屋久島で3例目であることが分かり、神田さんが『月刊むし』という同好会誌にのちに報告しました（神田2022）。このような予期せぬ出会いは野外調査の醍醐《だいご》味《み》の一つです。

第6章　カブトムシの生態の地域変異

遺伝か環境か

皆さんご存じの通り、人の外見的な特徴（肌の色、体格など）は地域によって違います。外見だけでなく、寿命をはじめとしたさまざまな生理的な特徴、行動や性格にも地域差があります。これらの地域差のうちの一部は文化や食べ物などの後天的な要因によりもたらされますが、生まれつき、つまり遺伝的な違いによるものもあります。たとえば、肌の色は低緯度に行くにしたがって黒っぽくなりますが、これは遺伝的な違いによるもので、強い日差しから肌を守るために環境に適応して進化した結果だと言われています。このように、地域が違えばその生物を取り巻くさまざまな環境も変わってくるため、それぞれの土地の環境に適応した生物が進化します。ただし、遺伝的に固有な特徴として固定されるためには、集団どうしが隔離され、交配が起きにくいことが条件になります。

カブトムシは、第2章で紹介したように、北海道や一部の島を除く日本全土、韓国、中国の一部、台湾、タイなどに生息しています。カブトムシは飛ぶことはできますが、それほど長距離を移動するわけではありません。せいぜい10㎞程度だと言われています。そのため、たとえば青森の集団と東京の集団の間での遺伝子が自然状態でまじりあうことはありません。結果として、青森と東京のカブトムシは遺伝的に異なる性質を持つように進化すると予想されます。

ただし、巨大な山脈のような移動の障壁がない限り、陸続きの場所であれば、完全に集団どうしが隔離されることはないので、集団間の性質の違いは連続的にグラデーションとなって現れることが一般的です。それに対し、離島の集団では、本土のものと遺伝的な交流が完全に遮断されるため、本土のものとは全く異なる性質が進化することがあります。

謎多きオキナワカブト

カブトムシの中でも最もユニークな生態をもつ集団の一つが、沖縄本島やその周辺の離島に生息するものです。これらの集団は、古くからオキナワカブトというカブトムシの亜種として扱われてきました（第2章で説明したように、今後屋久島以北の集団と別種扱いになる可能性があります）。オキナワカブトの外見の最大の特徴は、なんといってもその短い角です。日本の本土や台湾のものの半分くらいの長さしかありません。体の大きさも台湾や日本の本土のものより小型で、たとえ栄養たっぷりの良いコンディションで育てたとしても、特大サイズにまで成長することはほとんどありません。

さらにその生態も台湾や日本の本土のものとは大きく異なります。台湾や日本の本土では、カブトムシの幼虫は農家の堆肥の中のような人工的な環境から見つかることがほとんどです（第2章）。一方、オキナワカブトの幼虫が見つかるのは、腐食の進んだ倒木や、大木にできた樹洞に溜《た》まった有機物の中です。このような生態のため、オキナワカブトは人家近くではめったに見られず、〝やんばる〟と呼ばれる、沖縄北部の深い森が残るエリアを中心に細々と生息しています。そのため、オキナワカブトを観察するのは容易ではなく、また、生息密度も低く、生息地へ行ったとしてもなかなか出会えません。生き物であふれる深夜のジャングルの中でのオキナワカブトの捜索は、宝探しのようで大変刺激的です。たまに、5～6匹が群がる木が見つかり、そのような〝ご神木〟を発見したときの高揚感は何物にも代えがたいものがあります。しかし、一晩中探し回っても1個体も発見できないことも珍しくありません。オキナワカブトのユニークな形態がどのように進化してきたのか、大変興味はそそられますが、このような希少性ゆえ、野外でこの虫の生態を研究するのはほとんど不可能に近いでしょう。

ユニークな屋久島のカブトムシ

沖縄以外にユニークな外見をした集団はいないのでしょうか？　短い角の進化に興味を持っていた私は、オンライン上の写真を参考に、いろいろな地域のカブトムシの情報を集めることにしました。面白い進化が起こるとしたら離島だろうと考え、離島の集団にはとりわけ注意を払いました。カブトムシは有名な昆虫なので、ブログやSNSに写真が数多く掲載されているという利点があります。

まず私の目に留まったのは屋久島の集団です。屋久島で撮られた写真をいくつか見たところ、普段目にする個体よりも短い角を持っているように見えました。しかも嬉《うれ》しいことに、屋久島ではカブトムシは人家付近に普通に生息しているということも分かりました。沖縄のジャングルへ行かずとも短い角の進化の謎を解明できるチャンスです。いったい屋久島のカブトムシはどういう環境で生活しているのか、実際にこの目で見てみたいと思いました。そのころ、都内にある私のフィールドではカブトムシの発生がすでにピークに入っていました。緯度の低い屋久島では、急がなければ発生が終わってしまうと考え、すぐに屋久島へ向かいました。2014年7月中旬のことでした。

現地に着き、集落の近くの林にバナナで作ったトラップを仕掛けました。西日本や南日本ではクヌギの林が簡単に見つからないことがあり、そのような場合にはバナナトラップが効果を発揮します。次の日の朝に見に行くと、1匹だけですがオスのカブトムシが採れていました。一見して普段見慣れている本土の個体とは違います。体も小さいのですが、それを加味しても短い角を持っています。事前の情報通りではありますが、実際に自分の目で見るとこうも違うのかと驚きました。これは幸先《さいさき》が良いと、その後いろいろな場所を探し回りました。しかし、夜間コインランドリーの明かりや外灯に来ていた個体をわずかに追加できた程度で、聞いていた話と違い、生息密度が高いとはとても思えません。その後、地元の人への聞き込みなどを続けた結果、屋久島でのカブトムシのピークはもう少し遅い時期であることが判明しました。

当時はまだカブトムシの研究をはじめて日が浅かったため、南方ほど発生時期が早いと思い込んでいました。これは後から分かったことですが、少なくとも国内では、カブトムシの発生の時期と緯度はほとんど関係がありません。このときは、調査中に台風が直撃したりと、思うような調査ができずに終わりましたが、一生忘れられないほどの素晴らしい体験もしました。それは、最終日に集落の河口で巨大なワタリガニの1種であるノコギリガザミのオスを採集したことです。これまでにない大物の捕獲に大興奮でした。このことが成功体験となり、私はその後ガザミ採集の道にどっぷりはまることになります。

東京に戻ってからも、頭の中は屋久島のカブトムシ（とノコギリガザミ）のことでいっぱいでした。これからたくさんのカブトムシが羽化し、ピークを迎えるはずです。カブトムシの成虫の調査は、タイミングを逃すと1年間待たなければならなくなります。いてもたってもいられなくなり、10日後に再び屋久島に向かいました。目論見《もくろみ》どおり、このときばかりはちょうどピークのど真ん中を引き当てたようで、島はカブトムシであふれていました。やはり屋久島には関東平野に匹敵するくらいの高い密度でカブトムシが生息しているようです。数日間の調査で、全部で300匹ほどのカブトムシを採集し、角の長さなどの計測を十分に行うことができました（ちなみにこのときも再びノコギリガザミを採集しました）。

その結果、屋久島の集団は本土の集団とははっきりと区別できるほど短い角を持つことが分かりました。図6－1を見ると、体の大きさが同じくらいの個体どうしを比べても、角の長さの違いは一目瞭然だと思います。その後の調査により、屋久島に隣接する種子島《たねがしま》や口永良部島《くちのえらぶじま》の集団も、屋久島のものと同じように短い角を持つことが明らかになりました。のちに、これらの三つの島（大隅諸島）の集団は、遺伝的にもほとんど分化していないことが明らかになり、同一の集団とみなしてよいと考えられます（Weber et al. 2023）。

屋久島のカブトムシは見た目だけでなく、生態もかなりユニークです。たとえば、屋久島にはクヌギの木がほとんど存在せず、成虫はタブノキやシマサルスベリのような、

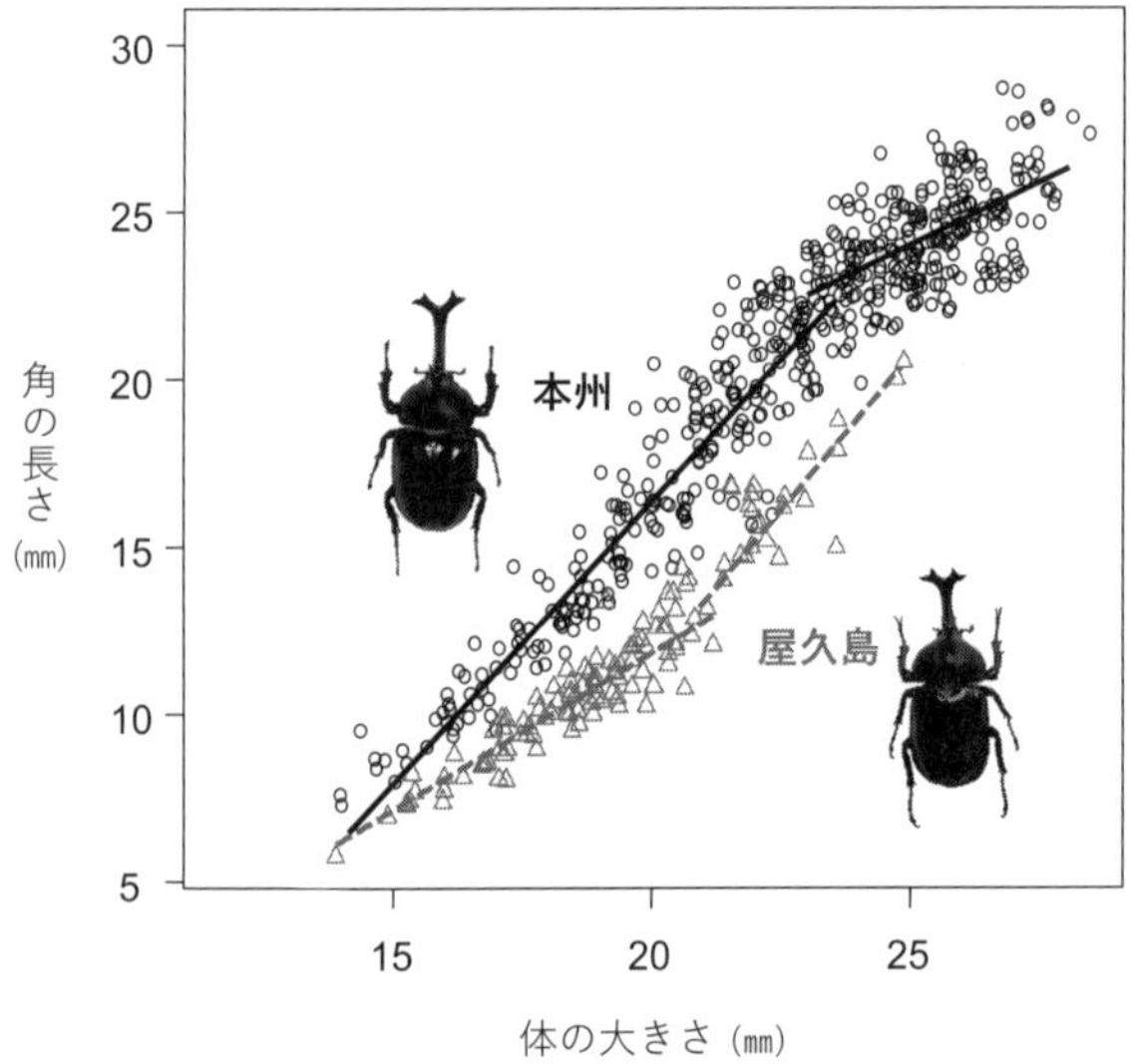

図６－１　屋久島と本州のカブトムシの角の長さ。屋久島の個体（△と破線で示す）は、同じくらいの体の大きさの本州のもの（○と実線で示す）と比べて、短い角を持つことが分かる。

他の地域ではあまり利用しない樹種をおもに利用しています。幼虫は、本土と同様、畑の堆肥からも見つかりますが、完全に〝自然〟な環境から見つかることも多いようです。

２０２２年の夏に、当時屋久島環境文化研修センターにおられた渡邉卓実さんの案内で、幼虫の生息環境を見せてもらいました。海岸沿いの湿度の高い陰樹林に転がる朽木を崩すと、カブトムシの幼虫が現れました。朽木はシロアリによって、いかにもカブトムシが好みそうな状態に腐食が進んでいました。シロアリの腸内に住む細菌は、空気中の窒素をアンモニアに変換し、窒素源として利用できます。そのため、シロアリが生活する朽木には、窒素が大量に供給され、カブトムシの餌として適した状態になると考えられます。渡邉さんによると、倒木だけでなく、同じく海岸の林内にある立ち枯れの中からもたくさんの幼虫が見つかることがあるそうです。高温多湿でかつシロアリの活性が高い屋久島ならではの生態といえるかもしれません。

九州のカブトムシ調査

大隅諸島以外にも短い角を持つ集団がいないかアンテナを張り巡らせていたところ、長崎県の福江島にそれらしい集団がいるという情報をつかみました。夏を待ち、さっそく福江島へ出かけました。このときは屋久島の調査と同じ過ちを犯さないよう、きちんと下調べをし、ピークを迎えるであろう7月下旬に行くことにしました。最初の数日間はポイントがよく分からず困っていましたが、地元の人に聞き込みをしたところ、カブトムシがよく落ちているという場所についての情報を得ることができました。その場所は、集落の中にある何の変哲もない小さな公園でしたが、半信半疑でトラップをかけたところ、一晩で50匹以上ものカブトムシを採集することができました。地元の方からは、このような貴重な情報を得られることがあり、土地勘のない場所での調査では大変助かります。

さっそく採集した個体の形態を調べると、やはり、短い角を持つ集団であることが分かりました。この島でも成虫はタブノキの樹液をおもに食べているようですが、自然環境の中で生活する成虫を観察するのは簡単ではありません。また、幼虫の生息場所もよく分かっていません。福江島の集団は、短い角を持つこと以外にも、長寿であるなどのユニークな特徴を持っており、2016年以降、長崎大学の大庭伸也さんとともに、定期的な調査を続けています。

福江島の様子が分かると、九州のほかの集団のことも当然気になってきます。このころ、山口大学で職を得て、アクセスが良くなったこともあり、九州各地での調査を本格的に始めました。本土は福岡県から最南端の大隅半島に至るまで、離島は対馬《つしま》や甑島《こしきしま》など、多くの場所を訪れました。その結果、五島列島（福江島など）と大隅諸島（屋久島、種子島など）に加え、大隅半島など本土の南端部でもやや短い角を持つ集団がいることが分かりました。

では、このような角の長さの地域変異は遺伝子の違いによって生じたものなのでしょうか？　それとも、餌やその土地の気温など、幼虫の時に経験する環境に由来するのでしょうか？　この疑問に答えるためには、餌や温度などが同じ条件で幼虫を飼育し、羽化してきた成虫の持つ角の長さを比べる必要があります。成虫を研究室に持ち帰り、得られた卵から孵化《ふか》した幼虫を実験室内で同じ条件のもと飼育しました。すると、福江島や屋久島の集団からは、やはり短い角を持つ成虫が得られました。つまり、角の長さの地域変異は、遺伝的な違いに基づいていたのです。

短い角の進化史に迫る

ところで、沖縄、大隅諸島、五島列島という異なる地域で見られる短い角は、どのような進化的な起源を持つのでしょうか。第2章に示した分子系統樹（図2－1）を見ると、まず、沖縄のものは明らかに日本のそれ以外の地域のものとは独立した集団であることが分かります。さらに、興味深いことに、五島列島と大隅諸島の集団も互いに類縁関係がないことが分かります。つまりそれぞれの三つの集団における短い角は独立に進化した可能性が高いのです。しかも、大隅諸島の集団はかなり古い時代に九州本土のものから分化したのに対し、五島列島の集団は、遺伝的には九州本土のものとかなり近縁であることも分かりました（Weber et al. 2023）。つまり、五島列島ではごく最近になって短い角を持つように進化した可能性があります。短い角の進化がすべて離島（沖縄、五島列島、大隅諸島）で起こったのは偶然ではなさそうです。

ではなぜ一部の離島で短い角が進化したのでしょうか。結論から言うと、まだあまりよく分かっていません。しかし、モンタナ大学のエムレン教授とその大学院生だったジリアン・デルソル博士らが2021年に発表した論文は、このことを考える上でヒントになるかもしれません（del Sol et al. 2021）。彼女らは、屋久島と同じく比較的短い角を持つ台湾の集団と、長い角を持つ京都の集団を用い、野外においてオスに個体ごとに目印をつけ、それぞれの個体が一生のうちに何匹のメスと交尾したかを調べました。調査の結果、台湾でも京都でも、長い角を持つオスがけんかに勝ちやすいというパターンが確認されました。ところが、京都では長い角を持つオスがそのまま交尾を独占したのに対し、台湾の集団では、長い角を持つオスが多くの交尾相手を得られたわけではありませんでした。つまり、台湾ではオスが長い角を持っていてもそれほど得をしないというわけです。このことから台湾の集団がなぜ比較的短い角を持つのかを説明できるのではないかと論文の著者らは主張しています。

なぜ台湾ではけんかでの勝利が交尾に結び付かないのでしょうか。次のような理由が考えられます。台湾でのカブトムシの餌はシマトネリコの樹液です。第5章で説明したように、シマトネリコではカブトムシは樹皮の適当な場所を自ら削って樹液を吸います。つまり、潜在的には餌場が無数にある状態なので、オスがメスと出会う頻度が低下します。たとえあるオスがけんかに勝ったとしても、勝利したオスのいる場所にメスがやってくるかは偶然に大きく左右されることになります。クヌギではそうではありません。ごくわずかにしか存在しない巨大樹液酒場を勝ち取れば、そのオーナーはそこに集まるメスとつぎつぎに交尾できるのです。

ただし、この結果の解釈には注意が必要です。台湾と本州の集団は別種と言ってよいほど系統的に離れているため（第2章）、比較する組み合わせとしてあまりふさわしいとは言えないのです。台湾の集団は確かに本州の集団に比べて短い角を持っていますが、オキナワカブトやカナモリカブトのようなより近縁な集団と比べるとずっと長い角を持っています。つまり、台湾の集団を〝短い角を持つ集団〟として扱うのは適切ではありません。しかし、この研究は、カブトムシの系統関係が明らかになる前に行われたものなので、このような実験デザインになったのはやむを得ない部分があると思います。系統的な関係が明らかになった今になって言えるのは、本州の集団と比較するべきは五島列島や大隅諸島の集団ということになります。

じつはデルソル博士らは屋久島の集団での調査も試みていました。しかし、彼女らは目印をつけたオスを追跡できず、繁殖成功についてのデータを取ることができませんでした。屋久島では密林の奥の方までカブトムシの食樹であるタブノキがびっしりと生えているため、そのようなエリアにカブトムシが移動した場合は観察が困難になってしまうのです。そういうわけで、短い角が進化した理由はまだ謎のままです。

素早く成長する北日本のカブトムシ

２０１５年頃から、私は、角の長さや体の大きさの遺伝的な違いを調べるために、いろいろな産地に由来する幼虫を実験室内で同じ条件で飼育していました。幼虫の世話をしているうちに面白いことに気付きました。それは、北日本の集団に由来する幼虫の方が、沖縄などの南方に由来する幼虫に比べ、成長のスピードが圧倒的に速いということです。同じ餌や温度条件で飼育しているのに成長速度に違いがあるということは、それぞれの集団が異なる遺伝子を持っていることを意味しています。

なぜ地域によって成長速度に違いがあるのでしょうか？　まず考えられるのはその土地の気温です。たとえば東北地方では11月に入る頃からぐっと冷え込み、その後、約4～5か月間雪に閉ざされる場所もあります。カブトムシの幼虫は気温が15℃を下回るくらいから活動性が低下し、10℃以下になるとほとんど動かなくなります。つまり、東北地方では半年ほど幼虫が餌を食べられない時期が続くため、短い間に急いで大きくならなければなりません。それに対して台湾や沖縄では冬らしい冬はほとんどありません。気温も15℃を下回ることはあまり多くありません。幼虫は冬の間でも餌を食べ、成長することができそうです。北日本と南国では、幼虫期間そのものは同じでも、成長に使える時間の長さには大きな違いがあるということです。冬の寒い期間の長さはおそらく緯度に沿って連続的に変化するはずなので、この仮説が正しいのであれば、幼虫の成長速度も緯度に沿って連続的に変化すると予想されます。研究室に卒論生として配属された仲倉達則さんと一緒に、緯度と成長速度の関係を調べてみることにしました。

カブトムシの成長を記録する

この実験を行うためには、各地のカブトムシを集める必要があります。幸運にも、多くの方の協力により、青森から台湾まで12の地域の個体が得られたので、これらを使って実験を行うことにしました。実験そのものは技術的には難しいものではありません。まずは、飼育室で羽化させた成虫から卵を得ます。幼虫が孵化したら、個別の飼育カップに移し、すべての個体を同じ条件で飼育して、成虫になるまでひたすら重さを測り続けます。動物の体重は直線的に一定のスピードで増えるわけではありません。人やカブトムシを含め、ほとんどの動物は、生まれてから最初のうちに急激に体重が増加し、そ

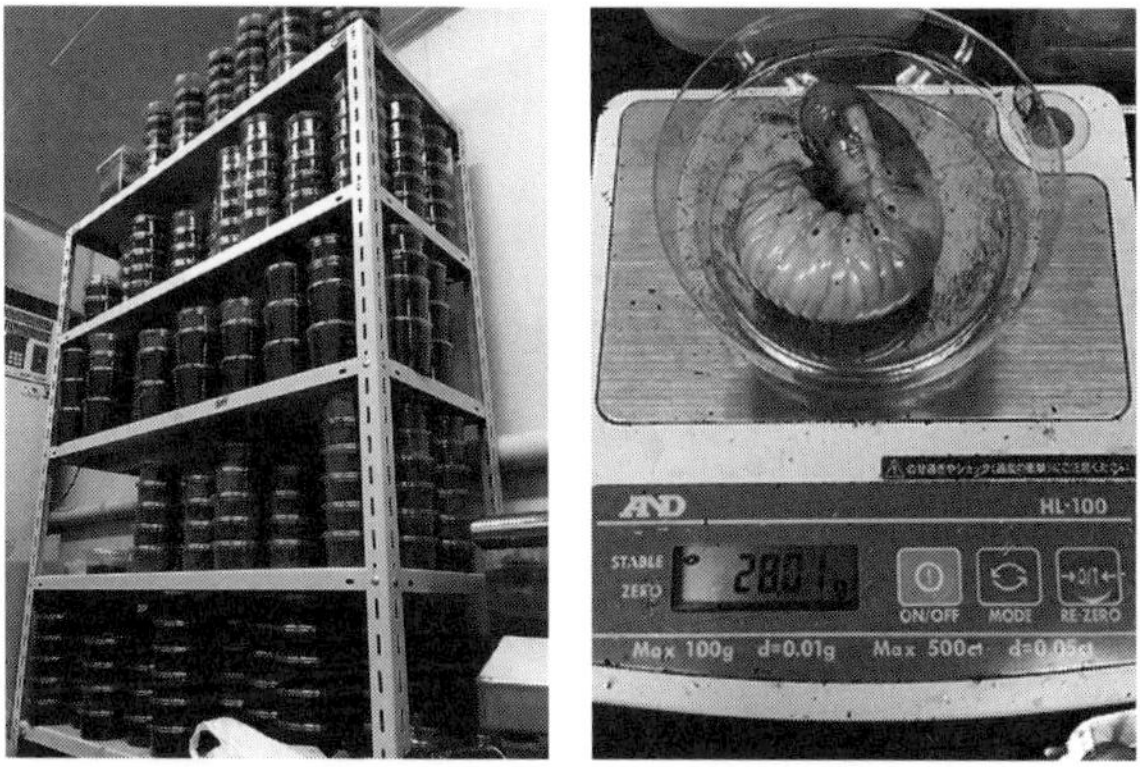

図６-２　実験室での幼虫の飼育（左）と幼虫の体重計測（右）の様子。それぞれの容器に１匹ずつ幼虫が入っている。

の後増加のしかたは緩やかになります。このような成長の軌跡を示した曲線を成長曲線と呼びます。それぞれの個体についてなめらかな成長曲線を描くためには、ある程度こまめに体重を測定する必要があります。

私たちは、幼虫が孵化してしばらくは5日おきに計測を行い、成長が進み体重の増加が緩やかになってからは10日おきに計測を行いました。これで、幼虫の間に各個体40〜50回の測定ポイントができるので、精度よく成長曲線の形が推定できます。多いときは700匹以上の幼虫を飼育していたため、計測はなかなか骨が折れました。また、5日おきに計測といっても、これは個体レベルの話です。

実際には孵化した日は個体によりまちまちなので、体重の計測は毎日行わなければならず、単純計算すると、1日に平均150匹程度を計測しなければなりません。餌の交換なども合わせると1日の作業には2〜3時間要し、土日も正月も関係なく、1年近く続けました。さすがに私と仲倉さんだけでは手が回らなかったので、研究室のほかの学生の力も借りながら、無事にすべてのデータを取り終えることができました。実験が終わったら、二人で手分けして膨大な量のデータをエクセルに入力し（これも大変でした）、いよいよ解析です。

成長速度を解析する

データを解析するのは、研究をしていて最も楽しい時間の一つです。データをとっているうちに何となく大体の結果を予想できることも多いですが、手間暇かけてとったデータからついに真実が明らかになる瞬間は、いつも胸が躍ります。

今回はまず、それぞれの幼虫について成長速度を計算しました。幼虫の体重は直線的に増えていくわけではないので、体重の増加量を日数で割った値は成長速度の良い指標にはなりません。体重の増え方を、S字型の成長曲線に当てはめることで、成長速度にあたるパラメータ（曲線の傾きのようなもの）を計算しました。そして集団ごとに成長速度の平均値を算出し、緯度との関係をグラフに表してみました。

すると、緯度が上がるとともに成長速度が増加するというパターンが見事に現れました（図6-3）。それぞれの地域のカブトムシは見た目がほとんど変わらないのに、本当にその地域の気候にあわせて進化していたことを、初めて証明できたのです（Kojima et al. 2020）。このグラフを作った時は、あまりの美しさにしばらく見入ってしまいました。私たちはこの一枚のグラフを作るのに、準備期間も入れると2年以上かけ、多くの労力を費やしてきましたが、それがついに報われたのです。

実験の結果をもう少し細かく見てみると、台湾の集団では最大近くの体重に達するまで孵化後100日以上要する一方で、北日本の集団では40日程度で最大体重に達することが分かります（図6-3）。カブトムシの幼虫は冬眠中に死ぬことがあり、冬までに十分大きくなれなかった個体は特に死亡しやすい傾向にあります。つまり、できるだけ早く大きくなり、栄養を蓄えて冬に臨むことが、寒さの厳しい地域では重要になります。

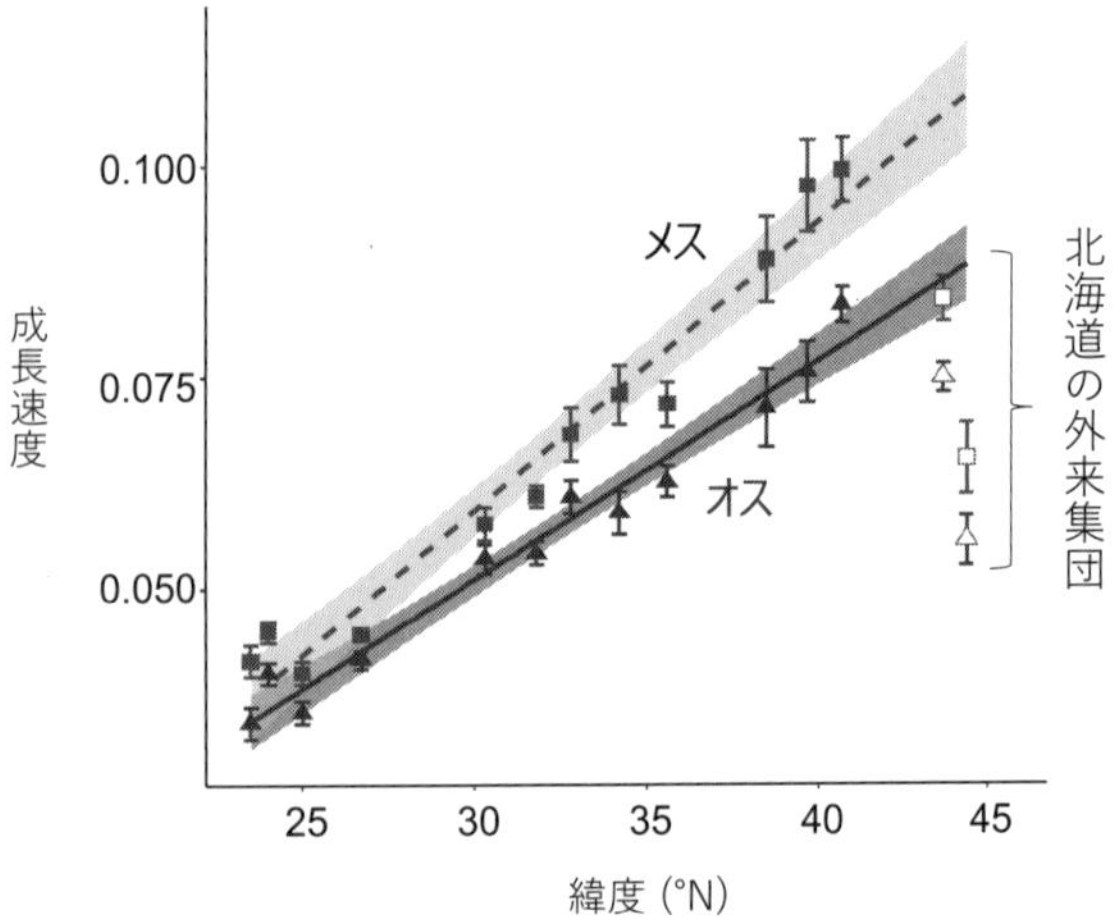

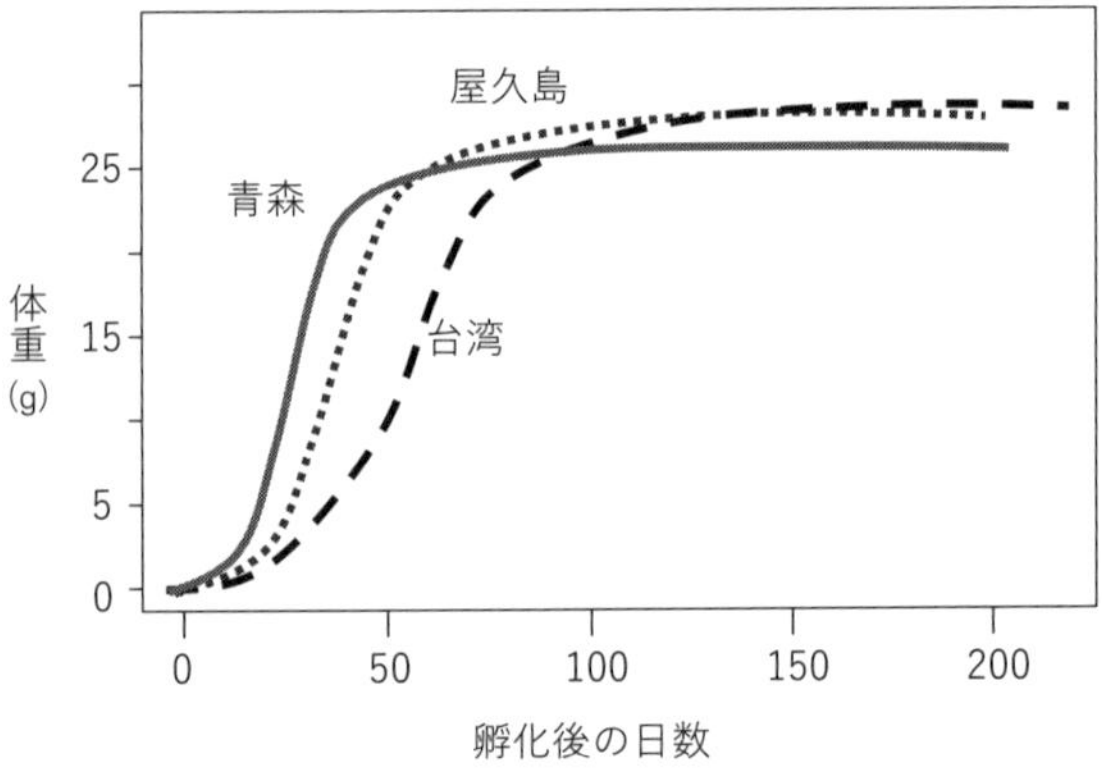

図6－3　上は緯度と成長速度の関係（メス：■、オス：▲)。緯度が上がるにつれて成長速度も大きくなるが、北海道の外来集団では当てはまらない。
下は、高緯度（青森：実線)、中緯度（屋久島：点線)、低緯度（台湾：破線）に由来するオスの幼虫の典型的な成長曲線。緯度が上がるにつれて、初期の成長速度（曲線の傾き）が大きくなることが分かる。

さらに過去の研究から、成虫になったときの体の大きさは、冬眠に入るときの幼虫の大きさと関係があることが分かっています（Plaistow et al. 2005）。北日本では、たとえば卵が8月中旬に孵化したとすると、9月下旬から10月上旬頃には最大サイズに達します。この時期であればまだ気温が高いので、余裕をもって冬を迎えることができるはずです。一方、素早く成長することは、免疫機能を低下させるなどのコストをもたらす可能性もあるため（第3章）、温暖な地域では、幼虫は無理をせずにゆっくりと成長すると考えられます。

北海道の外来集団は進化しているのか

今回の実験では、青森から台湾までの12の集団に加え、北海道の2つの集団も調べました。北海道は、本来カブトムシがいなかった地域ですが、人が持ち込んだものが増殖し、今では全道でごく普通に見られます。北海道への侵入の時期は定かではありませんが、1950～70年頃ではないかと言われています。北海道の内陸部は東北地方よりもさらに寒く、冬の期間も長いため、北海道へ侵入してから世代を重ねるうちに、原産地にいたときよりも成長速度が大きくなるように進化している可能性があります。このことを確かめてみようと考えました。

実験に使ったのは、旭川《あさひかわ》と名寄《なよろ》の集団です。いずれも内陸に位置し、北海道の中でも特に寒さの厳しい地域であり、また、旭川は、最初にカブトムシが侵入した地域だと言われています。ちなみに、進化とは長い時間をかけて起こるものだと思われがちですが、昆虫をはじめ、鳥類や両生類、爬虫類《はちゅうるい》などさまざまな動物で、数年という短い期間で、環境の変化に適応進化した例が知られています。カブトムシは1世代が1年かかるので、北海道に侵入してから50世代以上経過していることになります。この間に成長速度の進化が起こっていても不思議ではありません。

実験の結果、北海道の幼虫の成長速度は、青森のものと比べても遅く、緯度でいうと関東地方のものと同程度であることが分かりました（図6－3）。原産の地域が不明なので〝進化が起こっていない〟とは言えませんが、少なくとも北海道の長い冬には適応していないことは明らかです。北海道にカブトムシの成虫を採りに行ったときのことを思い返すと、生息密度自体は低くないものの、捕れた個体は小さいものばかりでした。

これは、成長に使える時間が短いにも関わらず、そのことに対する対応策を持っていないためかもしれません。今回の実験結果は期待したものとは違っていましたが、今後もっと時間が経《た》てば、長い冬に対する対抗手段として素早い成長速度を進化させる可能性もあります。何十年か先に、私たちの論文を読んだ誰かが再検証してくれるのを待ちたいと思います。

素早く成長するためのメカニズム

次に私たちは、緯度による成長速度の違いが生まれるメカニズムについて調べました。成長速度が違うということは、単位時間あたりに食べる量（摂食速度）が違う、という可能性が考えられます。一方で、同じ量を食べても太りやすい人とそうでない人がいるように、食べた餌のうちのどれだけを体重の増加にまわすか（成長効率）が集団によって違うという可能性もあります。これらのメカニズムを区別するために、仲倉さんが中心になって実験を行いました。実験に用いたのは低緯度（台湾）、中緯度（屋久島）、高緯度（青森）の、初期の3齢幼虫です。成長効率や摂食量などの測定方法は第3章で詳しく述べたのでここでは割愛しますが、それぞれの集団から約60個体ずつを用いてデータを取ることができました。

実験の結果は少し複雑でした。高緯度と中緯度の集団の間で比較すると、高緯度の集団の方が一日当たりに多くの餌を食べていましたが、成長効率に違いは見られませんでした。つまり、この2集団間の成長速度の違いは、食べた餌の量のみで説明できるということです。一方で、中緯度と低緯度の集団を比較すると、中緯度の集団の方が低緯度の集団より多くの餌を食べ、かつ、成長効率も大きいということが分かりました。つまり、摂食速度も成長効率も緯度が上がるにつれ上昇するのですが、成長効率の方は中緯度で頭打ちになっていると考えられます。何らかの制約により、成長効率を一定の値より大きくするのが難しいのかもしれません。

卵の大きさの地域変異

ここまで述べたように、緯度と成長速度の関係を調べる実験では、卵から孵化した幼虫を成虫まで飼育し、体重を測り続けました。この計測の最初の目的はさまざまな集団の成長速度を調べることでしたが、実験の副産物として、他のいくつかの性質も、集団によって違いそうだということが分かってきました。その一つが卵の大きさです。

私たちは、成長速度を調べるために、0日齢、つまり孵化した日の幼虫の重さも記録していました。孵化した幼虫が餌を食べると、孵化幼虫そのものの体重が分からなくなるので、昆虫マットから取り出した卵は湿らせたティッシュペーパーの上に置き、孵化を待ちました。そうしてたくさんの孵化幼虫を観察するうちに、集団によって大きさが違いそうだということに気付きました。どう見ても、低緯度地域由来の孵化幼虫のほうが、高緯度地域由来のものよりも大きいのです。人の目というのは、何百も同じものを繰り返し見ていると、ほんのわずかに違っているだけでも違和感を覚えるようになるものので、こういうちょっとした違和感が研究では大事になることがあります。手もとにある孵化幼虫の体重のデータを使って、それぞれの集団での平均値を計算してみると、東北地方の孵化幼虫は約36mgだったのに対し、沖縄や台湾の孵化幼虫は約45mgと、25%も重いことが分かりました。孵化幼虫の大きさは卵の大きさと近似的にみなせるので、低緯度地域の集団ほど母親が大きい卵を産んでいることになります。

それまでの研究から、カブトムシでは体の大きいメスほど大きい卵を産むことが分かっていたので（第3章）、低緯度のメスほど体が大きいためではないかと最初は疑いました。しかし、メスの体の大きさを比べたところ、緯度による違いは見られなかったため、卵の大きさの地域変異は、メスの体の大きさでは説明できないことが分かりました。

では、卵の大きさ（孵化幼虫の体重）は緯度に沿ってどのように変化するのでしょうか。成長速度と同じように緯度とともに徐々に変化するのではないかと予想し、卵の重さと緯度の関係をグラフにしてみると、意外な結果になりました。卵の重さは、東北地方から九州北部まではほとんど変わらなかったものの、九州中部から南部にかけて緯度が下がるにつれ、急激に増加したのです。そして屋久島で頭打ちとなり、それより低い緯度（沖縄や台湾）でも変化は見られませんでした（図6－4）。つまり、卵の大きさは、九州という狭いエリアの中で、緯度に沿って変化していたのです（Kojima & Lin 2022）。

一般的に、母親が繁殖に使える資源の量には上限があり、卵の大きさと数にはトレードオフがあると考えられています。つまり、どのくらいの大きさの卵を何個産むべきか、という問題は、母親が一つのパイをどう分割するかという問題だとみなすことができます。そう考えると、25％重い卵を産む集団では、産卵数が25％減少するかもしれません。そこで大きい卵を産む集団として屋久島のもの、小さい卵を産む集団として九州北部のものを用い、死ぬまでメスを飼育し、生涯の産卵数を比較しました。すると、予想とは違い、両者の間に差は見られませんでした。このことは、母親が最初に持っていたパイの大きさ（繁殖のための資源量）がそもそも違うということを意味しています。

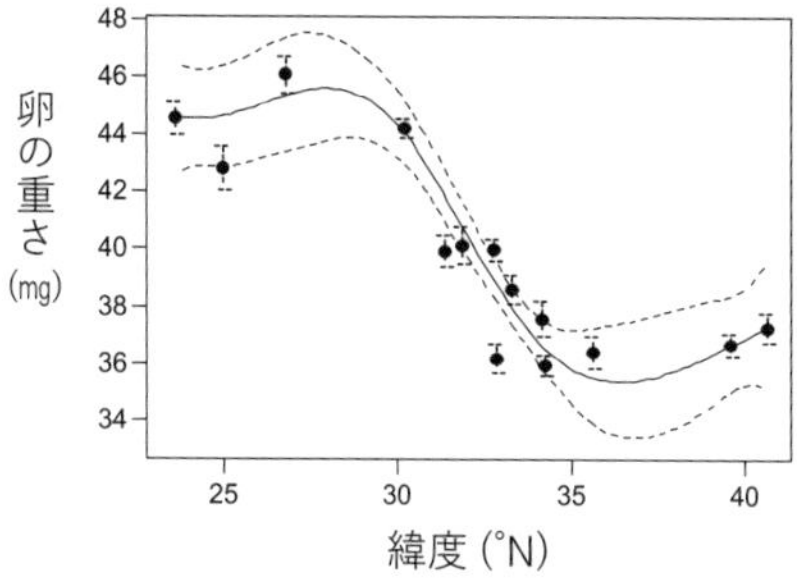

図6-4　緯度と卵の大きさの関係。緯度が30〜35°N付近（九州周辺に相当）で、卵サイズが急激に減少するのが分かる。

大きい卵を産む理由

集団によって卵の大きさに違いがあることが分かりましたが、この違いは幼虫の生存にどのような影響を及ぼすでしょうか。孵化した幼虫を飼育して生存率を調べることにしました。餌の質によって影響の出方が変わる可能性も考えられたので、ここでは2種類の餌を試しました。一つは普段から使っているカブトムシ用のマットです。もう一つは発酵の浅いマットです。いわばおがくずのようなもので、カブトムシの幼虫にとってはかなり質の悪い餌です。これらの餌は第3章で示した実験で用いたものと同じです。大きい卵を産む集団として屋久島のもの、小さい卵を産む集団として九州北部のものを用いました。それぞれのメスから得られた卵を2種類どちらかのマットの入った容器に一つずつ振り分け、最初の40日間での幼虫の生存率を調べました。その結果、餌の質に関わらず、九州北部の集団由来の幼虫の方が屋久島のものより死亡率が高くなりました。また、集団間での死亡率の差は、悪い餌を与えた時に、より顕著になりました。つまり、大きい卵は特に悪条件のもとで生存に有利になるのです。

この結果から考えると、幼虫が良い餌を得られにくいような環境条件のもとで、大きい卵を産むという性質が進化する可能性があります。九州南部より南の個体は、何らかの理由でそのような条件にさらされやすいのかもしれません。別の可能性として、母親が繁殖に使う資源量が増えるような進化が何らかの理由で起こり、その結果として、大きい卵を産むようになったことも考えられます。つまり、卵の大きさそのものを変化させるような力がはたらかなくても、大きい卵を産むという性質が進化する可能性があります。このあたりのことはまだ研究がまったく進んでいませんが、九州のさまざまな地域においてカブトムシの生態を比較すれば今後明らかになるかもしれません。

ここで紹介したもの以外にも、カブトムシのさまざまな性質に地域変異があることが私たちの研究から分かりつつあります。その中には、角の長さや体の大きさのように、外見から明らかなものもありますが、そうでないものもたくさんあります。たとえば、飼育下における成虫の寿命や、羽化したときに蓄えている脂肪の量、幼虫の免疫の強さなどが集団によって違います。成虫の行動を観察すると、交尾時間やオスの求愛のしかた、求愛の時に発する鳴き声のパターンなども地域によって異なります。これらの形質のほとんどには緯度による勾配が見られます。

新しい地域変異を見つけるたびに、同じように見えるカブトムシでも、それぞれの土地の歴史を背負った固有の存在であることを実感します。これらの違いの多くは、飼育したり解剖したりしてきちんと調べない限り分かりません。そのため、ほかの地域に由来するカブトムシが人によって野外に放されてしまうと、気付かないうちに遺伝子が混じってしまい（遺伝子汚染といいます）、それまで長い歴史の中で作り上げられてきた進化の産物が一瞬にして破壊され、取り返しがつかなくなります。おそらく、すでに都市部では遺伝子汚染が進んでいる可能性が高いと予想しています。カブトムシを移動させない、買ったカブトムシは外に放さないことなどを私たちは徹底していく必要があるでしょう。

コラム　調査の間の楽しみ

私がよくカブトムシの調査で足を運ぶ福江島、甑島、対馬などの九州の離島は、バードウォッチャー垂涎《すいぜん》の地であり、これらの離島へ行ったという話をするとバードウォッチャーからはよく羨ましがられます。ただ、これらの島のベストシーズンは、渡り鳥が通過する春と秋であり、真夏というのはバードウォッチングには一年で最も不向きな季節です。それでも、時季外れのヤツガシラや大陸から飛来したコウノトリのような思わぬ珍鳥を見つけたこともありました。これは渡り鳥ではありませんが、カラスバトという、その名の通りカラスほどの大きさの真っ黒いハトも、本土ではなかなかお目にかかれませんが、九州の離島では定番の種です。

対馬の調査では、日本でほとんどここだけでしか繁殖していない、ミヤマホオジロやシロハラを観察しました。対馬といえば、バードウォッチャーだけでなく昆虫マニアにも有名な場所です。私も、ツシマカブリモドキ、シナハナムグリ、ツシマフトギス、ヒメダイコクコガネのような、子どものころから憧れていた固有種の昆虫を、念願かなって採集することができました。福江島に生息する日本最大のマイマイカブリを自分の手で採集したときの興奮は忘れられません。

九州での調査でもう一つのひそかな楽しみは魚との出会いです。九州で水揚げされる魚の多様性の高さには目を見張るものがあります。実際に長崎県は水揚げされる魚の種数が全国1位だそうです。瀬戸内海と日本海を擁する山口県も魚には恵まれているとはいえ、離島や有明海沿岸、あるいは九州南部の道の駅や市場では、図鑑でしか見たことのないような憧れの魚たちを目にすることができます。その土地のスーパーマーケットの鮮魚コーナーもチェックが欠かせません。その地域で愛されている魚の種類が分かるからです。特に福江島のスーパーマーケットには、ハガツオ、メジナ、イラ、丸々と太ったゴマサバ、さらに私の大好物のタカノハダイなどがコンスタントに並び（しかも安い！）、魚種の豊富さにいつも圧倒されます。鹿児島県のとある道の駅で出会ったオニアジも忘れられない種の一つです。いつか再会したいと思っています。

車の中には大きなクーラーボックスを忍ばせてあり、初めて見る種類であれば必ず持ち帰ります。もちろん自ら魚を釣ることもあります。腕はまったくの素人ですが、屋久島、福江島、対馬のような離島では、それなりの大物が釣れてつい時間が経つのを忘れてしまうこともあります。

第7章　昆虫はどのように天敵から身を守るのか

私のおもな研究対象はカブトムシであり、本書ではここまでカブトムシの研究について説明をしてきました。しかし、第1章に書いたように、私はもともと昆虫全般（さらにいうと動物全般）に強い興味があり、面白い現象を野外で見つければ、どんな動物でも研究対象になりえます。これまで、カブトムシ以外にも多くの動物を対象に、さまざまなトピックを扱ってきました。その中でもとりわけ興味を持っているのが、昆虫が天敵からどのように身を守るかについてです。ここでは、昆虫の防衛について二つの最新の研究を紹介し、本書を締めくくりたいと思います。

石垣島のジャコウアゲハ

ある年の正月休み、私は野鳥を観察するために石垣島にいました。石垣島はどの季節でも多くの珍しい鳥が見られ、年に数回は必ず足を運ぶ場所です。亜熱帯に位置するこの島では、野鳥以外の生き物との出会いも多く、何度訪れても飽きることがありません。このときは、真冬にもかかわらず島中のいたるところに大型の黒いアゲハチョウがふわふわと飛んでいました。花に止まったところをよく見ると、胸部と腹部が毒々しい赤色をしており、ジャコウアゲハであることはすぐに分かりました。ジャコウアゲハは本州から沖縄まで広く分布する身近なチョウですが、冬の南西諸島では特に目にすることの多い種です。幼虫がウマノスズクサという毒草を食べ、そこに含まれるアリストロキア酸という毒を体内に蓄積します。その毒は成虫になっても保持されます。胴体や翅《はね》の模様の鮮やかな赤色は、鳥などの天敵に、自分がまずい餌であることを伝えるためのシグナルになっています。

このときの石垣島には、ジャコウアゲハがあまりにもたくさんいたので、よく観察するために、捕まえてみることにしました。石垣島ではタチアワユキセンダングサという外来植物（いわゆる〝ひっつきむし〟の1種）の白い花が季節を問わず咲き乱れ、アゲハチョウの仲間の主要な蜜源になっています。このときも道路わきのタチアワユキセンダングサにたくさんのジャコウアゲハが訪れていました。

捕虫網を持っていなかったので、無謀とも思いましたが、素手で捕獲に挑むことにしました。驚かさないようにゆっくりと慎重に接近しますが、幸いジャコウアゲハはまだ花の蜜に夢中です。ぎりぎりまで近づきそっと手を伸ばすと、拍子抜けするほど簡単にジャコウアゲハは手に収まりました。警戒心があまりにも少ないことに驚きながらも、元気のない個体を偶然選んだのかと思い、まわりにいる別の個体にも近付いてみました。しかし、その個体も人をまったく恐れる様子はなく、あっさりと捕まえることができました。私は普段から趣味でアゲハチョウの仲間を採集することがありますが、他の種類ではこんなことは経験したことがありません。人がある程度接近した時点で警戒して飛び去るため、素手で捕まえることなどほとんど不可能です。

恐れ知らずな有毒種

ジャコウアゲハがこれほど人の接近に無頓着な理由はすぐに想像がつきました。それは、毒を持っているからです。一般的に、逃避行動にはエネルギーや時間の消費などのコストを伴います。せっかく見つけた餌場やねぐらを捨てなければならないこともあるでしょう。そのため、〝天敵を発見したら直ちに逃げる〟という選択肢がつねに被食者にとって最適であるとは限りません。狙われる側の動物からしてみると、自分が認知した天敵（と思われる動物）が本当に自分を襲うかは分かりません。その天敵はすでに満腹で獲物を襲うつもりはないかもしれませんし、天敵に見えるけれど本当は天敵に似た別の動物ということもありえます。そうであった場合、逃げることは〝無駄足〟になってしまいます。

つまり、天敵に襲われる確率が低い動物にとっては、天敵が接近していよいよ危ないという段階にきてはじめて逃げることが、最適な戦略になりえます。有毒であるジャコウアゲハも、天敵に襲われる可能性が低く、自分は襲われないという〝自信〟があるので、こんなにも堂々としているのでしょう。

有毒な動物が天敵をあまり恐れないことは、これまでもよく知られていました。たとえば、チャールズ・ダーウィンとともに進化理論を提唱したアルフレッド・ウォレスは、悪臭を放つことで有名なスカンクは〝行動が緩慢で恐れ知らずである〟と著書の中に記しています（Wallace 1889）。また、マムシのような毒蛇は、人が近づいても逃げずにその場にとぐろを巻いてじっとしています（気付かずに踏んで嚙《か》まれてしまうケースが後を絶たないのはそのためです）。しかし、これらはナチュラリストの経験則に過ぎず、有毒種が無毒種に比べて警戒心が弱いことを定量的に示した研究は意外にもほとんどありません。そのような比較に適した分類群が限られていることや、動物の警戒心の強さを定量化するのが難しいことなどが原因かもしれません。あるいは、当たり前すぎて確かめるまでもないと多くの人が考えているからかもしれません。しかし、これまでの科学の歴史を紐解《ひもと》くと、〝当たり前〟と思われていたことが覆された例は数えきれないほどあります。当たり前に見えることでも、それが科学的に重要な現象であれば、きちんと検証する必要があります。

警戒心の強さ比較

アゲハチョウの仲間は、〝有毒な動物は天敵をあまり恐れない〟という仮説を検証するのにもってこいのグループであることに私は気付きました。国内に普通に生息する種だけ見ても、アゲハチョウ科には複数の有毒種と無毒種が含まれます。また、今回のように、人がどのくらいまで歩いて近づけるかを指標にすれば、警戒心の強さをうまく評価できそうです。さらに、アゲハチョウの仲間には、毒を持たないにもかかわらず、有毒種に見た目を似せた種、いわゆる擬態した種が存在します。擬態種も有毒種と同じように鳥から襲われにくいことが知られています（Ohsaki 1995）。では、擬態種も有毒種と同じように天敵の接近に対して無頓着なのでしょうか？　それとも無毒な非擬態種と同じように臆病なのでしょうか？　どちらになるかは予想が立てづらく、とても興味深いポイントです。擬態種も含めてアゲハチョウの仲間で警戒心の強さを比較すれば、まだ誰もやったことがないような面白い研究になるのではないかと思いました。

せっかく周りにたくさんチョウがいるのに、データを取らない手はありません。善は急げ、ということで、島内の大型雑貨店で巻尺を買い、実験を始めました。この実験の優れた点は巻尺が一つあれば完結するという点です。吸蜜中のチョウを見つけたらゆっくりと近寄り、どのくらいの距離まで近づいたときに飛び去ったか（今後、逃避開始距離と呼びます）を巻尺で測定するという、これ以上ないほどシンプルな実験です。接近する速さは毎回同じになるようにし（約０・２ｍ／秒）、また、チョウに自分の存在を確実に気付いてもらえるように、黒っぽい服を着るようにしました。
このときはジャコウアゲハのデータしか満足に取れなかったのですが、その後3年ほどかけて石垣島やその周辺の離島で調査を重ね、この地域に生息する主要なアゲハチョウ類について、合計328個体分のデータを得ることができました。沖縄ではアゲハチョウの仲間は年間を通して発生しているものの、不定期に発生の端境期《はざかいき》のような時期があり、そこに当たるとほとんどデータが取れないこともありました。もちろんそんなときでも時間を持て余すことなどありません。石垣島には見るべき生き物がごまんといるからです。このときとばかりに、チョウ以外の生き物の観察を心ゆくまで楽しみました。

集めた逃避開始距離のデータを解析した結果、ジャコウアゲハの逃避開始距離は0～20cm程度であることが分かりました。一方、ヤエヤマカラスアゲハという無毒な種の逃避開始距離は60cmほどである場合が多く、ジャコウアゲハ

図7－1　チョウの逃避開始距離の測定方法。花で蜜を吸うチョウにゆっくりと歩いて近付き、どこまで接近できたかを測定した。

より警戒心が強いことが分かりました。ジャコウアゲハと同様に有毒であるベニモンアゲハの場合、ジャコウアゲハほどではないものの、やはり無毒な種に比べ警戒心が弱いことが明らかになりました（図7－2）。

では気になる擬態種の結果について見てみましょう。まず、ジャコウアゲハの擬態種とされるクロアゲハですが、無毒種であるヤエヤマカラスアゲハ同様、逃避開始距離は60㎝ほどと大きいことが分かりました。つまり警戒心が強い種だと言えます。また、シロオビアゲハという種は無毒ですが、メスの一部が、有毒種であるベニモンアゲハにそっくりな模様を持っています（擬態型）。初めて野外でシロオビアゲハの擬態型を見た時は、擬態の精巧さにいたく感動しました。しかもこの擬態型は、姿だけでなく、飛び方もベニモンアゲハに似せていることが知られています（Kitamura & Imafuku 2015）。一方、シロオビアゲハのオスや擬態型でないメス（非擬態型）は、ベニモンアゲハとはまったく似ていません。シロオビアゲハの擬態型はこの研究を完成させるうえで最も重要な種でしたが、出会う機会が少なく、データを集めるのに苦労しました。一般的に私たちが普段目にするチョウのほとんどがオスであり、メスは多くの時間は目立たないと

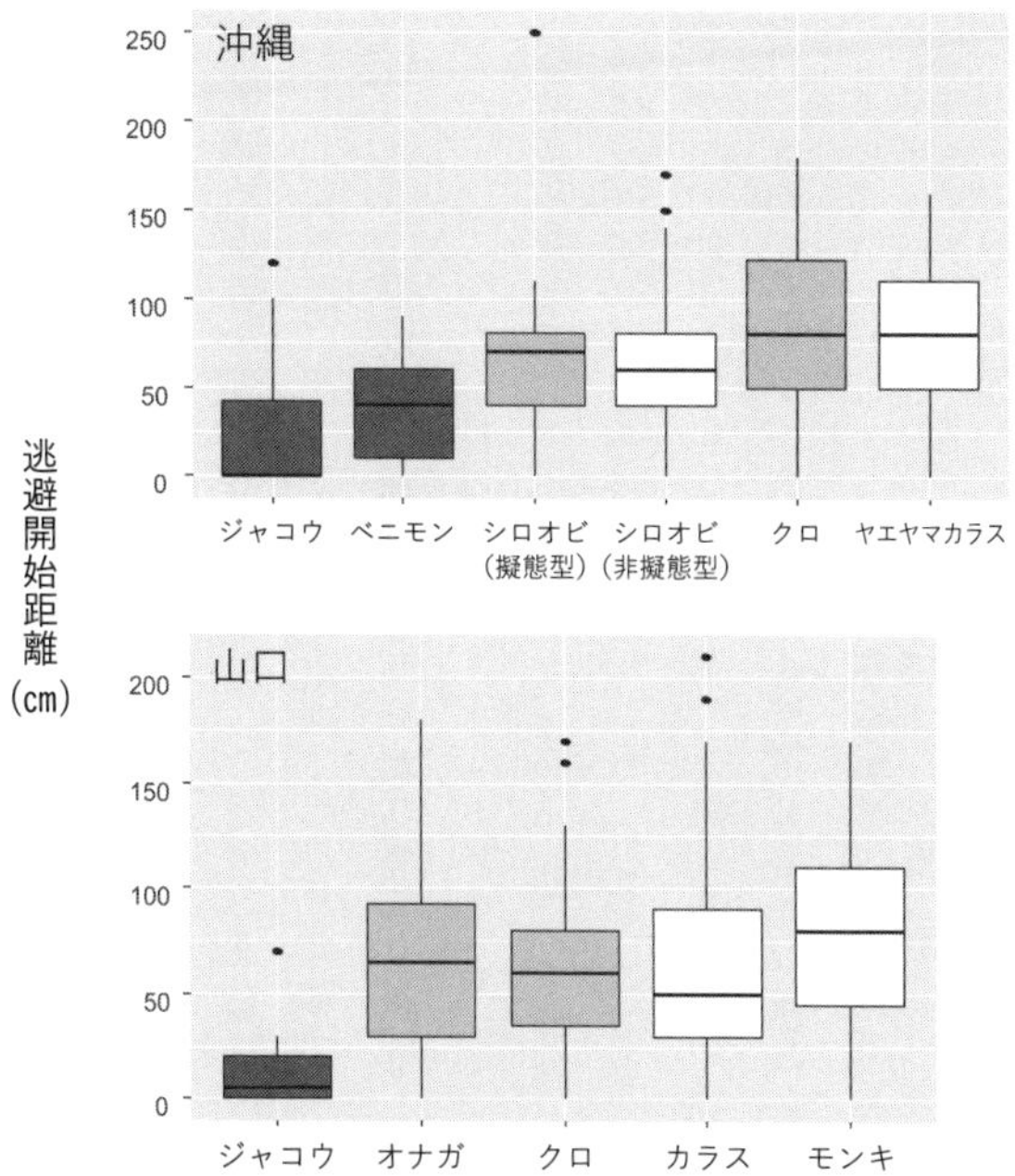

図7-2　山口と沖縄におけるアゲハチョウ科の逃避開始距離。濃いグレーは有毒種、薄いグレーは無毒な擬態種（あるいは擬態型）、白は無毒な非擬態種を表す。いずれの地域でも、有毒種のみ逃避開始距離が小さい（警戒心が弱い）ことが分かる。

ころでじっとしています。そのためか、一日中探し回ってもシロオビアゲハの擬態型には数匹にしか出会えないことも珍しくありませんでした。しかも、吸蜜しているシーンに出会えなければデータになりません。3年間の野外調査のすえ、なんとか30個体ほどの逃避開始距離を測定できました。このデータを解析したところ、シロオビアゲハの擬態型と非擬態型の逃げやすさに差はなく、ともに、クロアゲハやヤエヤマカラスアゲハ同様、比較的警戒心が強いことが分かりました（図7－2）。

場所を変えて調査

同様の実験を山口県内でも行うことにしました。山口県には、石垣島にはいないようなアゲハの仲間も生息しています。また、捕食者の種類も2か所では異なるはずです。それにもかかわらず、両方の地点で同じような結果が得られれば、結果の妥当性をより強く主張できるはずです。山口大学から20㎞ほど東には、バードウォッチングや哺乳類の調査のために通っていたお気に入りの林道があり、初夏にこの林道に沿ってたくさんのアザミが咲き、アゲハチョウの仲間が吸蜜にやってきます。シーズンになると何度もこの林道へ足を運び、逃避開始距離を測り続けました。そうして3年かけて5種類から計200個体分のデータが得られました。

　これらを解析してみると、有毒種であるジャコウアゲハは石垣島の個体群と同じように逃避開始距離が極めて小さいこと、その擬態種と推定されるオナガアゲハやクロアゲハは逃避開始距離が大きいこと、無毒種ですが擬態種ではないカラスアゲハやモンキアゲハも逃避開始距離が大きいことが分かりました。つまり、警戒心の強さは、有毒種＜擬態種＝無毒種となり、石垣島と同様の結果が得られたことになります（図7－2）。

　擬態種、あるいは擬態型は、天敵に襲われにくいにも関わらず、なぜ警戒心が強いのでしょうか？　その理由として、擬態が完璧《かんぺき》ではないことが挙げられます。彼らの擬態は確かに驚くほどよくできていますが、近くでよく見れば、有毒種とは異なる点もあり、訓練を積めば人の目でも十分区別可能です。たとえば、オナガアゲハやクロアゲハは、翅の模様だけ見るとジャコウアゲハにそっくりですが、胴体の色に注目するとジャコウアゲハと見分けるのは難しくありません（なぜ擬態種が胴体の色まで有毒種に真似《まね》ないのかというのは興味深い問題ですが、ここでは深入りはしないことにします）。また、何十という数のチョウを見ていると、たとえ胴体の色が見えなくても、それぞれの種が身にまとう、文字では書き表しにくい特徴から、擬態種を容易に見抜けるようになります。おそらくこれは鳥などの天敵にとっても同じことでしょう。そのため、擬態種は、熟練した天敵に間近で観察された場合、自分の擬態が暴かれてしまう可能性があります。そうならないように、擬態種は〝安全第一〟で、危険を感じたらいち早く花から飛び去るのかもしれません。

以上の結果を論文としてまとめ、2022年の春に発表することができました（Kojima 2022）。このように、身近な生き物を使ってシンプルな実験をするだけで、新しい発見ができることがあります。また、多くの人が当たり前だと思っていても、きちんと科学的に調べられていない現象は自然界にまだたくさんあります。次に紹介する研究も、そのようなものの一つです。

甲虫の〝硬さ〟は鳥からの防御に役立つ？

カブトムシをはじめ、クワガタムシ、ゾウムシ、タマムシ、カミキリムシなどは、甲虫目というグループに属しており、鎧《よろい》のような硬い外骨格を身にまとっています。このような硬い外骨格の機能としてまず思いつくのは、捕食者からの防御でしょう。昆虫学の教科書の多くにも、あたかも常識のように書かれていますが、科学的に検証した研究は意外にもほんのわずかしかありません。

このことを最初に調べたのは、かの有名なジャン・アンリ・ファーブルです。彼は、ハナムグリの仲間の昆虫の硬い前翅《ぜんし》を切り取ると、すぐにオサムシの餌食になってしまうことを発見しました（Fabre 1907）。最近になってアメリカのある研究者が、ファーブルと同じような手法を使って、コクヌストモドキという小さな甲虫の硬い前翅を除去すると、コモリグモから捕食されやすくなることを明らかにしました（Linz et al. 2016）。また、カタゾウムシという、世界で最も硬い甲虫が、キノボリトカゲからほとんど捕食を受けないことを示した研究もあります（Wang et al. 2018）。しかし、これらの研究からだけでは、甲虫の硬い外骨格が捕食者に対して広く有効であるとまでは言えないでしょう。たとえば、昆虫の代表的な捕食者と言えば鳥ですが、〝硬さ〟は鳥に対しても通用するのでしょうか？　私たちは、最近の研究の中で、このことを世界で初めて確かめました。

この研究のきっかけになったのは飼っていたウズラでした。もともと昆虫の毒に興味があったことから、山口大学の実験室で20羽を超えるウズラを飼育しながら（世話が大変でした！）、野外でいろいろな昆虫を採ってきてはウズラに与え、反応を観察していました。その中では面白い発見がいくつもありました。たとえば、テントウムシの仲間は刺激を加えると、いやなにおいのする黄色い液体を分泌します。これがウズラに対して効果があるのかを確かめるために、テントウムシをウズラに与えてみました。すると、ウズラは嘴《くちばし》でほんの軽くつついた直後、嘴をぬぐうような様子を見せ、その後数か月にわたってテントウムシを無視し続けました。テントウムシはまったく無傷でした。テントウムシの防衛能力の高さとともに、鳥はほんの軽く嘴でつつくだけで獲物の味が分かることにも驚きました。

ある日、ちょっとした好奇心から、コアオハナムグリというコガネムシの1種をウズラに与えることにしました。ウズラのケージにコアオハナムグリを入れた瞬間、ウズラは反応し、嘴で攻撃し始めました。しかし、硬い外骨格に覆われたコアオハナムグリを食べるのに明らかに苦戦している様子で、30秒ほどするとあきらめ、興味を失いました。その後、コアオハナムグリを手に取り、よく観察してみましたが、ほとんどダメージを受けた様子はありませんでした。甲虫の〝鎧〟の効果はてきめんのようです。次は硬い前翅を取り除いたコアオハナムグリを与えることにしました。前翅を除去されたコアオハナムグリの背面は柔らかい表皮がむき出しになり、無防備な状態になります。彼らはウズラを前になすすべもなく解体され、すぐに食べられてしまいました。この結果から、コアオハナムグリは決して味が悪いわけではないということが分かります。過去の研究を調べてみると、上に述べたように、似たような実験をした研究者はわずかにいるものの、捕食者として鳥を使った研究はなさそうだと分かりました。そこで、昆虫の〝硬さ〟による鳥への防御をきちんと実験して調べることにしました。

実験のデザインは、硬さの異なる数種のコガネムシ科の、それぞれ前翅を除去したものとそうでないものをウズラに与え、食べられるかを調べるというものです。まずは、実験に使う昆虫の硬さを定量化して比較する必要があるので、千葉大学の中田敏是さんに協力を依頼しました。中田さんは昆虫の飛行の専門家ですが、物理・工学的な解析全般に明るく、このような場面ではとても心強い存在です。中田さんに相談した結果、力センサーの上に昆虫の標本を貼り付け、真上からウズラの嘴に見立てた鋭利な物体を一定の速度で押し当てるという方法で硬さを測ることになりました。このときに、標本が破壊されるのに必要な力や、変形のしやすさが分かるので、これらを硬さの指標として使います。必要な虫を集め、千葉大学の実験室で10種類ほどのコガネムシの硬さを測定しました。

実験結果の要点をかいつまんで説明すると、ハナムグリの仲間はどれも硬い体を持つのに対し、それ以外のコガネムシ科の昆虫はそれほど硬くないことが分かりました。昆虫のサイズも硬さに影響しますが、それよりも分類群の効果の方が大きく、たとえば、コアオハナムグリのように小型の種でも、その何倍もの大きさのコフキコガネより硬い体を持っていました。また、当然ですが、どの種類も前翅を除去すると、極端に柔らかくなることが分かりました。

捕食実験では、ウズラ20羽に対して、硬い種としてコアオハナムグリとナミハナムグリを、柔らかい種としてクロコガネを与えました。いずれも、ウズラと同じように草地に生息し、ウズラと野外で遭遇しうる種類です。実験の結果、2種のハナムグリは三分の一から半数程度がほとんど無傷な状態でウズラの攻撃を逃れました。それ以外の個体は、嘴で執拗《しつよう》に攻撃されることで大きなダメージを負ったり、死亡したりしました。一方、前翅を除去された個体は、すべてが食べられてしまいました。また、柔らかい種であるクロコガネは、前翅の有無にかかわらず、すべてが捕食されました。つまり、2種のハナムグリの持つ硬い外骨格は、完全ではないものの、鳥からの攻撃によるダメージを多少なりとも軽減し、生存率を上昇させる効果を持っていたのです。

ウズラ以外にも通用するのか

ウズラを使った実験はうまくいったものの、ウズラ以外の鳥も使って同様の実験をする必要があると感じていました。なぜなら、ウズラは昆虫も好んで食べますが、どちらかというと普段は草の種子を食べることが多いからです。しかし、実際には、スズメやヒヨドリをはじめ、私たちの周りにいる鳥の多くは、むしろ昆虫を好む種であり、特に繁殖期はほとんど昆虫しか食べません。それらの種は、ウズラと異なり、硬い昆虫を上手に扱う術《すべ》を進化させている可能性があります。昆虫の硬い外骨格による防御効果を示すためには、普段昆虫を食べるような種類の鳥に対してもそれが通用するのか、確かめる必要があります。

しかし、困ったことに、ブンチョウやセキセイインコのような、ペットショップでおなじみの鳥たちは、草の種子をおもに食べる種です。昆虫食の鳥は飼育する上で餌の確保が大変なため、ペットとして向いていないのです。つまり、特別な許可を得て野外から捕まえてこない限り、昆虫食の鳥を入手することはできません。どうしようか困っていた矢先、ある出来事をきっかけに、研究が大きく前進することになります。

ある年の初夏、私は昆虫の観察のため、兵庫県の明石《あかし》公園を訪れました。市街地の近くにありながら、この公園はいくつかの珍種の昆虫の産地であり、昆虫採集家にとっては有名なポイントです。公園内を散策していると、親子連れの観光客が芝生の上で、パンくずを鳥に与えているのが目に留まりました。よく見ると、そこにはたくさんのドバトに混じり、数羽のムクドリがパンくずをついばんでいました。その光景を見た瞬間、これだ！　とひらめきました。ムクドリは、繁殖期はおもに昆虫を食べ、コガネムシ類もメニューの多くを占めることが知られています（Kuroda 1963）。体の大きさはウズラと同程度ですが、嘴はより強力で大きく、より大きなサイズの餌も食べることができます。草地、農耕地や林など、山奥以外であれば文字通りどこでも見られ、さまざまな種のコガネムシ類と遭遇する可能性があります。しかも、この公園のように、都市部の周辺の個体はとても人慣れしており、捕まえて飼育せずとも目の前で捕食行動が観察できるかもしれません。これらのことを考えると、ムクドリは今回の実験の捕食者のモデルとして完璧に思えました。

本当にこの公園のムクドリにコガネムシを食べさせることができるのか、さっそく試してみることにしました。まずは、コンビニで食パンを購入しました。そして、運よく、公園内でアオドウガネとシロテンハナムグリという2種のコガネムシを約10匹ずつ捕まえることができました。どちらもほぼ同じサイズですが、シロテンハナムグリの方がアオドウガネに比べ硬い種です。実験に必要なものはすべて揃《そろ》いました。先ほど親子がパンくずを撒《ま》いていたのと同じ場所へ行き、パンを撒いてみました。すると、ほどなくしてドバトの群れが飛来し、続いて待望のムクドリの群れが飛来しました。そのままパンを撒き続けると、数羽のムクドリが2mくらいの距離までやってきて、パンくずをついばみ始めました。

実験の舞台は整いました。ムクドリの警戒が十分に解けたであろうタイミングで、いよいよアオドウガネを袋から取り出し、ムクドリに向かって投げてみました。すると、アオドウガネが着地した瞬間に、ムクドリが嘴でかすめ取っていきました。ムクドリは獲物を嘴でつついたり地面にたたきつけたりしながら解体し、30秒ほどかけて完食しました（図7－3）。続いて与えるのは硬い方の種、シロテンハナムグリです。ムクドリが近づいてきたタイミングでシロテンハナムグリを放り投げます。すると、ムクドリはやはり同じように着地点めがけて駆け寄ってきました。しかし、ムクドリの反応は先ほどと全く違いました。地面に転がるシロテンハナムグリを一瞥《いちべつ》すると、それをつつくこともなく、歩き去ってしまったのです。その後、公園内で場所を移動しながら実験を繰り返しましたが、何度やっても結果は同じで、準備したアオドウガネはすべて捕食され、シロテンハナムグリは無視され続けました。

シロテンハナムグリに対するムクドリの反応を見たときは本当に驚きました。飼育していたウズラと同じように、ムクドリもまずは獲物をつつきまわし、解体しようと試みると予想していたからです。しかし、実際には、ムクドリはシロテンハナムグリに触れることすらありませんでした。この公園のムクドリは、シロテンハナムグリに過去に出会っており、〝この餌は食べられない〟とすでに知っていたと考えられます。では、もしそうだとすれば、シロテンハナムグリが餌として適当でない理由は、本当に〝硬いから〟でしょうか？　シロテンハナムグリは確かにアオドウガネに比べるとずっと硬いですが、このことが原因でムクドリから無視されたかはこの実験だけでは分かりません。シロテンハナムグリはじつは味の悪い餌であり、そのためムクドリから無視されたという可能性も残されています。なぜシロテンハナムグリは無視されたのかを次回の実験で確かめる必要があると思いました。

食べてもらう工夫

シロテンハナムグリが無視される理由を知るためには、どうにかしてシロテンハナムグリをムクドリに食べてもらう（つついてもらう）必要があります。しかし、普通に与

図7-3　アオドウガネを食べるムクドリ。

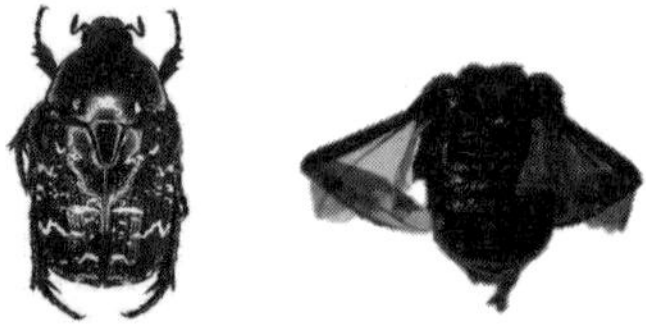

図7-4　細工を施したシロテンハナムグリ（右）。何も処理をしていない左の個体と外見が大きく異なる。

えただけでは、ムクドリはつついてすらくれません。どうしたらよいでしょうか？　私は、シロテンハナムグリに、ある〝細工〟を施すことを考えました。ムクドリはシロテンハナムグリの何らかの外見的な特徴を記憶し、〝これは食べられない虫だ〟と判断していると考えられます。ということは、外見を大きく変化させてやれば、ムクドリはそれがシロテンハナムグリであると認識できなくなるかもしれません。

　そこで、前胸部と前翅を取り除いたシロテンハナムグリの新鮮な死骸を使うことにしました（ムクドリの習性を考えると、死骸を使うことは問題ありません）。こうなると、見た目が通常のシロテンハナムグリとは全く異なるため、ムクドリは見たことのない別の昆虫だと〝思い込み〟、つついてくれるはずです。前翅を除去されたことでもはや硬い餌ではなくなるので、ムクドリはうまく食べられるかもしれません。あるいは、もしシロテンハナムグリが味の悪い餌ならば、細工を施されたところで味は変わらないので、ムクドリは食べ残すはずです。

また、次回の実験では、アオドウガネとシロテンハナムグリに加え、硬さや大きさの異なる7種の昆虫を使うことにしました。いずれも明石公園周辺でふつうに見られる種です。種数を増やすことで、より多くの情報が得られるはずです。夏のカブトムシの調査の合間に、これら9種の虫をそれぞれ20匹以上集め、冷凍しておきました。カブトムシの野外調査が落ち着いた9月に、実験用の虫の入ったクーラーボックスやビデオカメラなどの調査道具を持ち、新幹線に乗り再び明石公園に向かいました。

公園に着くと、幸いにも、芝生の上に降りているムクドリの群れがすぐに見つかりました。群れの近くでパンを撒き始めると、いつものようにドバトはすぐにやってきましたが、肝心のムクドリはいつまでたってもやってきません。その後、公園内で場所を変えながらパンを撒き続けましたが、ムクドリはパンくずにほとんど興味を示しません。不思議に思い、ムクドリの行動を双眼鏡でよく観察すると、彼らは芝生の上でバッタなどの昆虫を盛んについばんでいることが分かりました。もしかすると、秋は芝生で昆虫を労せずに採れるため、人が与えるパンくずは眼中にないのかもしれません。理由はともかく、秋は実験にならないことが分かりました。

それならばと、野外に餌が少なくなるであろう冬に出直しましたが、探せど探せどムクドリの群れそのものが見当たりません。バードウォッチングに出かけるときは気にも留めないこの鳥を、丸一日かけて1羽も見つけられないのは完全に想定外でした。おそらく、冬の間は農耕地など、もっと餌を採りやすい場所に移動してしまうのでしょう。その後も時期を変えながら何度か明石公園で観察を続けた結果、初夏の限られた時期にしか、ムクドリは人が撒くパンに反応しないことが分かりました。しかし、コロナ禍に入り、出張が制限され、実験ができないまま数年が過ぎ去りました。

2022年の初夏、出張の制限が解かれ、実験のチャンスがようやく訪れました。この日の計画は次のようなものです。ムクドリに9種のコガネムシの新鮮な死骸をランダムな順で5匹ずつ投げ与えます。計50個（9種類×5個体+細工されたシロテンハナムグリ5個体）の死骸を投げ終わり、ムクドリが飛び去るのを確認したら、芝生の上を丹念にチェックし、残された死骸をカウントします。これにより、どのような昆虫が食べ残されたのかが分かるはずです。

明石公園に到着し、芝生の上でパンをちぎって投げ始めると、すぐにたくさんのムクドリに囲まれました。今回は良い時期に来ることができたようで、胸をなでおろしました。ビデオカメラを三脚にセットし、いよいよ実験開始です。虫を与え始めると、ムクドリたちの動きは途端にあわただしくなり、まるで競うように虫にとびかかります。数分のうちに50個体の昆虫すべてを与え終えました。ムクドリたちは餌がもらえなくなると徐々にその場から離れていきました。芝生の上に残された死骸をチェックすると、柔らかい種は、その体の大きさに関わらず、ほぼすべてがなくなっていたのに対し、硬い種であるシロテンハナムグリ（無処理のもの）とカナブンはそれぞれ5個体すべてが残されていました。そして、肝心の、細工を施されたシロテンハナムグリですが、大部分の個体が捕食されていました。やはり、ムクドリはシロテンハナムグリの外見を学習し、記憶していたのです。さらに、シロテンハナムグリは味が悪いわけではないことも分かります。その後、2日間にわたって公園内の数か所で、いくつかのムクドリの群れを対象に同じ実験を行い、合計で200匹の昆虫を与えましたが、結果は一貫していました。

この実験からは、他にも面白いことが分かりました。コアオハナムグリのように、硬い外骨格で覆われていても体のサイズが小さい種は、すべてが捕食されたのです。ムクドリの口をあけた時のサイズに対して、コアオハナムグリの体は小さいため、丸呑《まるの》みにされたのだと考えられます。それに対してカナブンやシロテンハナムグリはムクドリの口のサイズより大きいため、ムクドリがそれらを食べるためには解体しなければなりません。そのような場合に、硬さが効果を発揮するのだと考えられます。

このように、ウズラを用いた室内での実験と、ムクドリを用いた野外での実験の両方から、硬い昆虫は鳥から襲われにくい、あるいは襲われたとしても生き延びる可能性が高まることが分かりました。また、その後、都市公園のスズメを使って同様の実験を行ったところ、やはりハナムグリの仲間は見向きもされないことがわかりました。甲虫の持つ硬い外骨格には、これまで、乾燥からの回避、クモやトカゲからの捕食回避の機能が知られていました。私たちの研究により、そこにもう一つの機能として、〝鳥からの捕食回避〟が加わることになりました。また、シロテンハナムグリに対するムクドリの反応から、鳥は硬くて餌として適さない昆虫の外見を覚えて避けるようになる可能性も示されました（ただし厳密に確かめるためには、飼育下で学習させる実験が必要です）。

テントウムシのように味の悪い昆虫が、鳥の記憶に残りやすいような派手な色を進化させることはよく知られていましたが、硬い昆虫でも同じような現象が見られる可能性があります。よく考えてみると、ハナムグリ類をはじめ昼行性のコガネムシの仲間の多くは、緑や青などの美しい光沢を持っています。なぜこんなきれいな色をしているんだろうと今まで不思議に思っていましたが、もしかすると、鳥の学習を促すような機能があるのかもしれません。つまり、派手できらびやかな色をしている方が、地味な色よりも、鳥から〝硬くて食べられない餌だ〟と覚えてもらいやすい可能性があります。さらに、味の悪い種に外見を擬態する種が存在するように、硬い種に対する擬態が進化する可能性もあります。実際に、コガネムシの仲間では、毒などの化学的な防御を持たないにもかかわらず、擬態としか考えられないような現象がいくつも見つかっています(Watanabe et al. 2002)。これまではこのような現象をうまく説明することができませんでしたが、私たちの発見をきっかけに、硬い甲虫たちによる擬態の新しい世界が見えてくるかもしれません。

コラム　逃避開始距離で警戒心の強さは本当に測れる?

今回のアゲハチョウの研究では、人がゆっくりと歩いて接近したときにどこまで近づけるかを警戒心の指標にしました。逃避開始距離と呼ばれるこの指標は私が考えたものではなく、これまで、鳥類や昼行性の哺乳類などの警戒心の強さを評価する研究で何度も使われてきました。私も以前からそのことを知っており、アゲハチョウに応用できそうだと気づいたのです。

ただし、この指標を使うことにはいくつかの批判もあります。そのうちの一つは、多くの場合、人は動物の本当の捕食者ではないため、人に対する反応が、天敵に対する反応の指標としてふさわしくないのではないか、というものです。この批判にきちんと答えるのは簡単ではありませんが、人が接近してきたときに動物が逃げるのであれば、動物が人を少なくとも何らかの〝脅威〟とみなしているということなので、人も捕食者のモデルになりうると考えられます。

また、別の問題として、動物が人を警戒して逃げたのか、自発的に移動しただけなのかを区別しにくいということが挙げられます。たとえば、無毒種のチョウの方が有毒種よりも一つの花に留まる時間が短いとしましょう。その場合、両者の警戒心の強さに差がないとしても、見かけの上では、逃避開始距離は無毒種の方が大きくなると予想されます。そのため、両者の花への滞在時間に差がないことを事前に確かめておくことが望まれます。私たちは山口県内のフィールドで、有毒種のジャコウアゲハと無毒種のカラスアゲハやクロアゲハの花への滞在時間を比較しましたが、差は見つかりませんでした。そのため、逃避開始距離を警戒心の強さとみなすことは問題がないと考えられます。

コラム　毒蝶は体温が低い

毒を持つチョウは世界に数多くいますが、それらの多くに共通する特徴がいくつか知られています。たとえば、毒蝶《どくちょう》は多くの場合、ゆっくりと規則的に飛びます。これは、自身の持つ外見的な特徴をわざと見せつけ、天敵が認識しやすいようにするためだと言われています。つまり、天敵が自分を無毒な種だと見間違えて攻撃することを防いでいるのです。あるいは、特徴的な飛び方そのものが、自分が有毒であることを天敵に対して伝えるシグナルになっているという仮説もあります。実際に、ジャコウアゲハやベニモンアゲハなどの有毒な種は、慣れれば飛び方だけで他の種と区別できるようになります。

それ以外にも毒蝶には面白い特徴があります。それは体温が低いということです。石垣島で、捕まえたチョウの体温を片っ端から測っているときに、私はこの事実に気が付きました。ジャコウアゲハやベニモンアゲハは、同じ日に捕まえた他のアゲハチョウと比べると明らかに体温が低かったのです。これは大発見だ！　と思いましたが、ずいぶん前に海外の研究者がこのことを論文として発表していることをあとで知り（Chai & Srygley 1990）、少しがっかりしました。しかし、毒の有無と体温という、一見するとまったく関係のない性質がリンクしているのは私にとっては驚きでした。

この二つの性質の間の因果関係は明らかになっていませんが、毒蝶は日が照っているときよりも曇っているときに活発に飛び回ることが分かっており、そのことが関係している可能性があります。また、上に述べた飛び方の違いも、体温に影響しているかもしれません。さらに、一般的に毒蝶は体形や体色が無毒な種とは異なり、これらも体温に影響する可能性があります。

あとがき

「自然は黙して語らない」

これは、私が敬愛する動物写真家、宮崎学氏の言葉です。宮崎氏の写真集には、民家の庭の木にできた熊棚（クマが木の実を食べる際に枝や葉で作ったベッド）、普段観光客やハイカーが使う遊歩道を堂々と歩くツキノワグマ、墓地のお供え物を食べるツキノワグマなど、数々の衝撃的な写真がおさめられています。これらの写真はどれも宮崎氏の自然観をよく表しています。ツキノワグマはじつは人のすぐそばで生活しているのに、ほとんどの人がそれに気付かずに、無警戒に暮らしています。ツキノワグマは自らその姿を人の前にさらすことはほとんどなく、糞《ふん》や足跡、熊棚のような彼らの生活のサインを読み取ることができなければ、これほど巨大な動物であっても、その存在に気付くことはありません。反対に、一度彼らのサインを読み取るすべを覚えてしまえば、どこへ行ってもそれしか目につかなくなるはずです（山口県でも少し田舎へ行くと彼らの痕跡だらけです！）。

宮崎氏の言葉のとおり、自然の中から生き物を見つけ出すには、〝探し方〟を知っていなければなりません。そして、〝探し方〟の引き出しが多ければ多いほど、自然観察が楽しくなります。私は、鳥や魚や昆虫など、動物はどれも大好きですが、植物にはそれほど詳しくありませんでした。しかし、6年前に山口大学へ来たとき、隣の研究室の山中明教授（植物ではなく昆虫の研究者）にコシアブラなどの山菜の探し方を教えてもらい、それ以来山菜採りにはまってしまいました。今も勉強中で、毎年新しい山菜を数種類ずつ覚えていっていますが、そのたびに、身の回りに少し注意を払うだけでこんなにもおいしい食材が見つかるのかと新鮮な感動があります。そして、自然というのは底が知れないほど奥が深く、無限の楽しみ方があるのではないかと思わされます。

〝味わう〟、〝観察する〟、〝採集する〟など、自然の楽しみ方はたくさんありますが、そんな中でも研究は自然を楽しむ究極の方法の一つだと思います。生き物の研究をするためには、自然を観察しながらいろいろなことを考え、学ぶ必要があります。そうする中で、それまで気が付かなかった新しい世界が見えてきます。たとえば、カブトムシというたった一つの生き物の生活を調べるだけでも、いくつもの面白い現象が見つかり、興味が尽きることはありません。おそらく私が一生をかけてもカブトムシの生態のすべてを調べ上げることはできないでしょう。また、カブトムシを観察していると、他の生き物たちにもおのずと目が行くようになり、フィールドに出るのが何倍も楽しくなります。もしこの本を読んで生態学の研究の面白さを感じていただけたら、ぜひ自分で面白そうな研究の題材を野外で探して、深く調べてみてください。研究の本当の楽しさは、研究をしている本人にしか味わうことができません。自然を観察し、不思議を感じ頭で考え、調べて、試して、理由を考える、これこそが研究の醍醐味《だいごみ》です。世界が広がり、間違いなく人生が豊かになるはずです。

最後になりますが、この本で紹介した研究は、多くの方々の協力なくしては行えなかったものです。本文中でもお名前を挙げた方もいますが、安齋寛、石川幸男、岩本和真、上野貴弘、大庭伸也、岡田泰和、川内愛佳、川内夏菜、神田旭、工藤愛弓、後藤寛貴、柴田亮、嶋田正和、杉浦真治、砂村栄力、洲濱志帆、高梨琢磨、高橋勇士郎、仲倉達則、中田敏是、中野亮、原田誠大、福田歩実、藤井毅、星崎杉彦、槙原寛、山下波父、山中明、渡邉卓実、和田典子の各氏には研究面で多大な協力をいただき、あるいは、さまざまな議論を通して、私の研究のアイデアや自然観の生成に多くの影響を与えてくれました。筑摩書房の伊藤大五郎さんは、本書の執筆の機会を与えてくださり、企画から発刊に至るまで多大な尽力をいただきました。これらの方々に感謝の意を表します。

引用文献

【まえがき】

栗本丹洲（１８１１）千虫譜。

McCullough E (2013) Using radio telemetry to assess movement patterns in a giant rhinoceros beetle: are there differences among majors, minors, and females? *Journal of Insect Behavior* 26: 51-56.

Siva-Jothy M (1987) Mate securing tactics and the cost of fighting in the Japanese horned beetle, *Allomyrina dichotoma* L. (Scarabaeidae). *Journal of Ethology* 5: 165-172.

【第１章】

大西敏一、梅垣佑介、小島渉（２０１０）石川県輪島市舳倉島におけるムナフヒタキ *Muscicapa striata* の日本初記録 日本鳥学会誌 59, 185-188.

Kojima W, Kitamura W, Kitajima S, Ito Y, Ueda K, Fujita G, Higuchi H (2009) Female barn swallows gain indirect but not direct benefits through social mate choice. *Ethology* 115: 939-947.

【第2章】

市川俊英、上田恭一郎（２０１０）ボクトウガ幼虫による樹液依存性節足動物の捕食——予備的観察 香川大学農学部学術報告 62: 39-58.

Hongo Y (2014) Interspecific relationship between the Japanese horned beetle and two Japanese stag beetle species. *Entomological Science* 17: 134-137.

Saito Y, Tsuda Y, Uchiyama K, Fukuda T, Seto Y, Kim PG, Shen HL, Ide Y (2017) Genetic variation in *Quercus acutissima* Carruth., in traditional Japanese rural forests and agricultural landscapes, revealed by chloroplast microsatellite markers. *Forests* 8: 451.

Weber JN, Kojima W, Boisseau R, Niimi T, Morita S, Shigenobu S, Gotoh H, Araya K, Lin CP, Thomas-Bulle C, Allen CE, Tong W, Lavine LC, Swanson BO, Emlen DJ (2023) Evolution of horn length and lifting strength in the Japanese rhinoceros beetle *Trypoxylus dichotomus*. *bioRxiv*, 2023.02.16.528888.

Yang H, You CJ, Tsui CK, Tembrock LR, Wu ZQ, Yang DP (2021) Phylogeny and biogeography of the Japanese rhinoceros beetle, *Trypoxylus dichotomus* (Coleoptera: Scarabaeidae) based on SNP markers. *Ecology and Evolution* 11: 153-173.

【第3章】

Karino K, Seki N, Chiba M (2004) Larval nutritional environment determines adult size in Japanese horned beetles *Allomyrina dichotoma*. *Ecological Research* 19: 663–668.

Kojima W (2015a) Attraction to carbon dioxide from feeding resources and conspecific neighbours in larvae of the rhinoceros beetle *Trypoxylus dichotomus*. *PLOS ONE* 10: e0141733.

Kojima W (2015b) Variation in body size in the giant rhinoceros beetle *Trypoxylus dichotomus* is mediated by maternal effects on egg size. *Ecological Entomology* 40: 420–427.

Kojima W (2015c) Mechanism of synchronous metamorphosis: larvae of a rhinoceros beetle alter the timing of pupation depending on maturity of their neighbours. *Behavioral Ecology and Sociobiology* 69: 415–424.

Kojima W (2019) Greater degree of body size plasticity in males than females of the rhinoceros beetle *Trypoxylus dichotomus*. *Applied Entomology and Zoology* 54: 239–246.

【第4章】

Hongo Y, Kaneda H (2009) Field observations of predation by the Ural owl *Strix uralensis* upon the Japanese horned beetle *Trypoxylus dichotomus septentrionalis*. *Journal of the Yamashina Institute for Ornithology* 40: 90–95.

Kojima W, Sugiura S, Makihara H, Ishikawa Y, Takanashi T（2014）Rhinoceros beetles suffer male-biased predation by mammalian and avian predators. *Zoological Science* 31: 109–115.

Setsuda K, Tsuchida K, Watanabe H, Kakei Y, Yamada Y（1999）Size dependent predatory pressure in the Japanese horned beetle, *Allomyrina dichotoma* L.（Coleoptera; Scarabaeidae）. *Journal of Ethology* 17: 73–77.

【第5章】

神田旭（２０２２）屋久島3例目となるベニモンコノハを安房で採集 月刊むし 622: 3.

Kojima W（2022）Temporal niche shifts driven by interference competition: giant hornets exclude rhinoceros beetles at sap sites at dawn. *Ecology* 104: e3914.

Shibata R, Kojima W（2021）An introduced host plant alters circadian activity patterns of a rhinoceros beetle. *Ecology* 102: e03366.

Yoshimoto J, Nishida T（2009）Factors affecting behavioral interactions among sap-attracted insects. *Annals of the Entomological Society of America* 102: 201–209.

【第6章】

del Sol JF, Hongo Y, Boisseau RP, Berman GH, Allen CE, Emlen DJ（2021）Population differences in the strength of sexual selection match relative weapon size in the Japanese rhinoceros beetle, *Trypoxylus dichotomus* (Coleoptera: Scarabaeidae). *Evolution* 75: 394–413.

Kojima W, Nakakura T, Fukuda A, Lin CP, Harada M, Hashimoto Y, Kawachi A, Suhama S, Yamamoto R (2020) Latitudinal cline of larval growth rate and its proximate mechanisms in a rhinoceros beetle. *Functional Ecology* 34: 1577–1588.

Kojima W, Lin CP (2022) Non-linear latitudinal cline of egg size and its consequence for larval survival in the rhinoceros beetle. *Biological Journal of the Linnean Society* 136: 375–383.

Plaistow SJ, Tsuchida K, Tsubaki Y, Setsuda K (2005) The effect of a seasonal time constraint on development time, body size, condition, and morph determination in the horned beetle *Allomyrina dichotoma* L. (Coleoptera: Scarabaeidae). *Ecological Entomology* 30: 692–699.

Weber JN, Kojima W, Boisseau R, Niimi T, Morita S, Shigenobu S, Gotoh H, Araya K, Lin CP, Thomas-Bulle C, Allen CE, Tong W, Lavine LC, Swanson BO, Emlen DJ (2023) Evolution of horn length and lifting strength in the Japanese rhinoceros beetle *Trypoxylus dichotomus*. *bioRxiv*, 2023.02.16.528888.

【第7章】

Chai P, Srygley RB (1990) Predation and the flight, morphology, and temperature of neotropical rain-forest butterflies. *The American Naturalist* 135: 748–765.

Fabre JH (1907) *Souvenirs Entomologiques*. Librairie Delagrave, Paris.

Kitamura T, Imafuku M (2015) Behavioural mimicry in flight path of Batesian intraspecific polymorphic butterfly *Papilio polytes*. *Proceedings of the Royal Society B* 282: 20150483.

Kojima W (2022) Fearless distasteful butterflies and timid mimetic butterflies: comparison of flight initiation distances in Papilioninae. *Biology Letters* 18: 20220145.

Kuroda N (1963) Adaptive parental feeding as a factor influencing the reproductive rate in the grey starling. *Population Ecology* 5: 1–10.

Linz DM, Hu AW, Sitvarin MI, Tomoyasu Y (2016) Functional value of elytra under various stresses in the red flour beetle, *Tribolium castaneum*. *Scientific Reports* 6: 34813.

Ohsaki N (1995) Preferential predation of female butterflies and the evolution of batesian mimicry. *Nature* 378: 173–175.

Wallace AR (1889) *Darwinism – an exposition of the theory of natural selection with some of its applications*. MacMillan and Co., London.

Wang LY, Huang WS, Tang HC, Huang LC, Lin CP (2018) Too hard to swallow: a secret secondary defence of an aposematic insect. *Journal of Experimental Biology* 221, jeb172486.

Watanabe T, Tanigaki T, Nishi H, Ushimaru A, Takeuchi T (2002) A quantitative analysis of geographic color variation in two Geotrupes dung beetles. *Zoological Science* 19: 351–358.

ちくまプリマー新書

319
生きものとは何か
——世界と自分を知るための生物学
本川達雄
生物の最大の特徴はなんだろうか？　地球上のあらゆる生物は様々な困難（環境変化や地球変動）に負けず子孫を残そうとしている。生き続けることこそが生物!?

193
はじめての植物学
——植物たちの生き残り戦略
大場秀章
身の回りにある植物の基本構造と営みを観察してみよう。大地に根を張って暮らさねばならないことゆえの、巧みな植物の「改造」を知り、植物とは何かを考える。

328
糸を出すすごい虫たち
大崎茂芳
ミノムシはなぜ落ちないのか？　クモの糸に人がぶら下がれるってホント？　小さな虫たちの出す糸には大きな力が秘められている。身近にいるすごい虫たち。

423
増えるものたちの進化生物学
市橋伯一
生命と非生命をわけるもの、それは「増える」ことである。増える能力は生命を悩める存在へと変えてしまった——生命の起源と未来を見つめる知的問答の書。

327
動物園は進化する
——ゾウの飼育係が考えたこと
川口幸男・アラン・ルークロフト
永年動物園でゾウの飼育係を務めた著者二人が、人にもゾウにも優しい飼育方法を考えた。そこから見えてくる未来の動物園の姿、ひいては野生動物との共生とは？

chikuma primer shinsho

ちくまプリマー新書 434

カブトムシの謎《なぞ》をとく

二〇二三年八月一〇日 初版第一刷発行

著者 小島渉（こじま・わたる）

装幀 クラフト・エヴィング商會

発行者 喜入冬子

発行所 株式会社筑摩書房
東京都台東区蔵前二-五-三 〒一一一-八七五五
電話番号 〇三-五六八七-二六〇一（代表）

印刷・製本 株式会社精興社

ISBN978-4-480-68457-8 C0245 Printed in Japan